落叶果树丰产栽培技术

万少侠　张立峰　编著

黄河水利出版社
·郑州·

图书在版编目（CIP）数据

落叶果树丰产栽培技术/万少侠，张立峰编著 . —郑州：
黄河水利出版社，2015.5
ISBN 978 - 7 - 5509 - 1124 - 6

Ⅰ. ①落… Ⅱ. ①万…②张… Ⅲ. ①落叶果树 - 果树
园艺 Ⅳ. ①S66

中国版本图书馆 CIP 数据核字（2015）第 096260 号

出 版 社：黄河水利出版社
　　　　　地址：河南省郑州市顺河路黄委会综合楼 14 层　　　邮政编码：450003
发行单位：黄河水利出版社
　　　　　发行部电话：0371 - 66026940、66020550、66028024、66022620（传真）
　　　　　E-mail：hhslcbs@ 126. com
承印单位：河南承创印务有限公司
开本：710 mm ×1 010 mm　1/16
印张：10
字数：150 千字　　　　　　　　　　印数：1—2 000
版次：2015 年 5 月第 1 版　　　　　印次：2015 年 5 月第 1 次印刷

定价：20. 00 元

主　　编	万少侠	张立峰		
副 主 编	张爱玲	李冠涛	方伟迅	周　威
	陈宝军	杨俊霞	赵洪涛	程国栋
	朱振营	杨景舒	魏艳丽	孙新杰
	万四新	王光照	杜莘莘	
参编人员	（排名不分先后）			
	李士洪	郭永军	雷　辉	李慧丽
	李　芳	潘　晖	王建伟	姜其军
	郭　华	张建荣	韩双画	庞晓艳
	武晓静	曹恒宽	冯　蕊	郭玉政
	苏少揆	王蓓蓓	李红霞	刘妍菁
	吕爱琴	郭凯歌	王丽红	杜红莉
	魏亚利	徐　英	王绪山	张旭峰
	魏彦涛	吕慧娟	许青云	张风萍
	李文乾	张俊峰	白新国	葛岩红
	孙丰军	师玉彪	李红梅	王彩云
	任素平	张智慧	马培超	王水牛
	王璞玉	雷超群	夏伟琦	王忠伟
	张　明			

前　言

　　果树是一种高效的经济树种，在当前的农村经济发展中占据重要的地位，对发展现代农业、改善农村经济结构、提高农民收入，有着不可替代的作用。近年来，党和政府制定了许多林农发展经济的优惠政策，极大调动了广大农民发展果树的积极性，果业得以快速发展。然而，林农果农在发展果树时，存在着盲目引种栽植果树，栽植后缺乏技术管理，果树不能丰产丰收，果品质次、效益差等问题。针对林农果农在生产中遇到的问题，我们组织林果生产方面的专业技术人员结合果树生产实际编写了本书，用通俗易懂的语言就果树栽植后如何修剪，如何防治病害、虫害，如何采收果实和果实贮藏保鲜等栽培技术给予解答。

　　本书共分十三章，分别介绍了板栗、核桃、桃、杏、李、枣、梨、苹果、山楂、石榴、樱桃、葡萄、柿等果树的主要优良品种，苗木繁育，栽培建园，果树修剪，病虫害防治，果实的采收及贮藏等管理技术方法。同时，还添加部分彩色图片介绍一些果树新品种和病虫害特征，图文并茂，增加了可读性和实用性。本书可供国有林场、园艺场、林果业协会的干部职工学习，也可作为新农村建设的科普教材或职业中专教学参考书。

　　本书的出版得到了平顶山市森林病虫害防治检疫站的支持。林果新品种的引种和病虫害防治等大量培育试验在河南省奥德林实业有限公司与河南丰瑞农业有限公司等生态园基地进行，在此谨表谢意。

　　由于我们的水平有限，书中难免有不足之处，敬请专家和朋友们指正。

编　者

2014 年 12 月

目　录

第一章　板栗树的丰产栽培技术

板栗树，壳斗科，栗属，又名板栗、栗子等，其 4～6 月开花，8～10 月果实成熟。树高达 15～20 m，树皮暗灰色，有不规则深裂；枝条灰褐色，有纵沟，皮上有许多黄灰色的圆形皮孔；板栗果实营养丰富，淀粉含量为 56.3%～72%，脂肪含量 2%～7%，蛋白质含量 5%～10%，并含有较多的乙种维生素，板栗树是林农果农喜爱的落叶树果品之一。

板栗树，是比较高大的乔木果树，生长结果有两个主要特点：一是喜光性强；二是强枝结果。板栗树生长迅速，管理容易，适应性强，抗旱、抗涝、耐瘠薄，适应山地、荒坡、丘陵、平地。一年栽树，百年受益，既是优良的果树，又是优良的荒山荒滩绿化树种。

一、板栗树的主要优良品种

板栗树在我国分布范围很广，用良种嫁接苗建立果园，是改善板栗树低产的重要途径。

1. 燕奎板栗品种

该品种优质、丰产、易管理、适宜性强，树姿开张，枝条分枝角度大，树冠呈圆头形。果实圆形，棕褐色，有光泽，茸毛中多，平均单粒重 10 g。果肉质地细腻，味香甜。含糖 21.12%，含淀粉 51.98%，含蛋白质 3.72%。丰产性好，适应性强，易管理，在山地密植条件下幼树每亩产量可达 229 kg。栗苞出实率高，空苞率低，栗果整齐。果实成熟期为 9 月中旬。

2. 燕山短枝板栗品种

该品种干矮冠低、树体紧凑，树势健壮，枝条粗壮，节间短，嫁接幼树平均枝条长 21.5 cm，枝粗 0.67 cm，节间长 1.5 cm。总苞较大，椭圆形，呈一字开裂。平均单粒重 9 g，椭圆形，深褐色，有光亮，茸毛少，品质极佳。初花期为 6 月 5 ～ 6 日，盛花期为 6 月 13 ～ 14 日。果实 9 月中旬成熟。

3. 燕山早丰板栗品种

该品种丰产，成熟期早，抗病、耐旱，树冠高，圆头形，树姿半开张，分枝角度中等。每母枝抽生果枝 2.03 个，每果枝平均结蓬 2.42 个，总苞小，呈十字开裂。平均单粒重 8 g，椭圆形，皮褐色，茸毛少，果肉黄色，质地细腻，味香甜，熟食品质上等。果实成熟期为 9 月上旬。是一个极受栗农欢迎的早实性优良品种。

4. 大板红板栗品种

该品种树姿稍开张，树冠较紧凑，树势强，总苞大，皮薄。坚果圆形，红褐色，有光泽，茸毛中多。平均单粒重 8.1 g，果粒较整齐，肉质细腻，味甜，品质优良。果实含淀粉 64.22%，含糖 20.44%，含蛋白质 4.82%，果实成熟期为 9 月上旬。

二、板栗树的优良品种苗木培育

1. 种子的采收

板栗树的种子 9 ～ 10 月进入成熟期，即可采收。板栗种子有四怕，即怕干，干燥后很容易失去发芽力；怕湿，过湿温度又高，容易霉烂；怕冻，受冻种仁则易变质；怕破裂，种壳开裂极易伤及果肉，引起变质。因此，采收板栗果实后，应立即入地窖或进行沙埋。其温度不高于 10 ℃，空气相对湿度保持在 50% ～ 70% 为宜。大雪后入沟沙藏。

2. 种子的贮藏

1 ～ 2 月，大雪至小寒期间，在背阴高燥的地方，挖深 1 m，沟宽不超过 30 cm 的条沟贮放栗种。其方法是，取出种子后用 3 ～ 5 倍体积的湿沙与种子拌匀，先在沟底铺放 10 cm 厚的湿沙，然后放入混合沙子的栗种，厚度为 40 ～ 50 cm，最后盖沙 8 ～ 10 cm。做到坑底整平，先铺 1 层沙，再放 1 层板栗，依次堆积，每层沙和板栗厚 5 ～ 6 cm。栗种含淀粉多，遇热容易发酵，冻后又易变质。因此，沟内的温度保持在 1 ～ 5 ℃ 为宜。寒冷季节，增加贮藏沟上的覆盖物，当气温在

10～18 ℃时及时退除覆盖物，并上下翻动种子，以达到温度均匀。贮藏时，还要防止雨雪渗入和沙子失水过干。贮藏沟内每隔1～1.5 m放1草把以便于通风。板栗入藏后，初期培土不宜过厚，要逐步加土加厚。

3．种条的贮藏

1～2月调运来的接穗，或结合修剪采自优良母株的接穗，一般是按50～100根捆成一捆，标明品种，竖放于贮藏沟内，用湿沙填充好。

4．种子的播种

3月到4月上旬，当层积处理的种子发芽达30%左右时，即可进行播种。选择地势平坦、土壤肥沃的地方做苗圃。先整好宽1～1.3 m、长20～30 m的畦面，按行距40～45 cm，开深7～8 cm的播种沟，每畦2～3行。按株距15～20 cm点播。种子要平放，种尖向南为好，有利出苗。播前沟内浇足底墒水，施入辛硫磷颗粒剂，亩用量为2～3 kg。播后覆土4～5 cm。为防止种子落干，可在覆土4～5 cm的基础上，再扶高3～5 cm的小平垄，7～10天推平，种子即顶土出苗。

5．良种苗木嫁接

板栗树的嫁接有多种方法，可根据实际情况进行良种苗木嫁接。其主要方法如下：

（1）板栗树劈接育苗的方法。3月下旬至4月上旬，是栗树枝接的有利时机。嫁接方法主要用劈接法。低部位嫁接后，可用培湿土堆的方法保证接口、接穗湿度。高部位嫁接的保湿方法可用套袋装土保湿或塑料条缠绑保湿，接穗的顶端断面蘸石蜡封顶，以提高成活率。

（2）板栗树插皮舌接育苗的方法。3月下旬至4月上旬砧木离皮之后，可采用插皮舌接法，成活率高。具体操作方法是，断砧木，并削平断面。接穗削成长4～5 cm的马耳形长削面，削面含于口中。然后在砧木平滑的一侧，轻轻削去表皮，露出嫩皮，长、宽度应比接穗削面稍大。捏开砧木皮层后，再把接穗削面的皮层捏开，并揭起，把削面的木质部轻轻插入砧木的皮内，接穗的皮部盖在砧木的嫩皮外面，即可绑扎。

（3）板栗树方块状芽接育苗的方法。利用板栗隐芽不萌发的特点，可延迟嫁接时间。发芽后一般可采用方块状芽接法。接后立即平茬，促使接口尽快愈合和接芽萌发。

6.嫁接苗管理

5～6月，嫁接苗长至30 cm左右，支架防止风害。春季枝接苗40天左右，视愈合状况解除包湿物及绑缚物，并及时抹除砧木萌蘖，摘除苗梢上的花序，可以防止开花减少养分的消耗。

7.中耕除草

5月下旬，气温开始升高，风大，易干旱，板栗苗木圃地，要及时中耕5～10 cm，并晒墒，一可疏松土壤，二可除掉杂草。

8.圃内整形

7～8月，嫁接的苗木粗壮、苗梢旺盛的苗木，待苗高80 cm时可摘心，促使发生二次枝，供选择主枝用。同时，也有利于侧生根系的生长，提早成为合格苗木。

9.苗木出圃

入冬落叶后11～12月，封冻前，苗木生长到高1 m，地径0.7～1 cm的时候，即可出圃，并贮藏。苗木出圃时要避免伤根，尽量远离苗木刨苗，要深刨，保全根系。然后分级，捆成50株一捆，标记品种，假植贮放。贮放沟深1 m左右，宽1.5 m左右，长度视苗子多少而定。沟底先铺湿沙10 cm，以捆状竖放于沟内，填充湿沙，埋沙厚度30～40 cm，为第二年春季提供优质苗木。

三、板栗树的栽植建园

1.板栗园地的选择

板栗树园应选择地下水位较低，排水良好的沙质壤土。忌土壤盐碱，低湿易涝，风大的地方栽植。在丘陵岗地开辟栗园，应选择地势平缓，土层较厚的近山地区，以后则可以逐步向条件较差的地区扩大发展。

2.板栗品种的选择

品种选择应以当地选育的优良品种为主栽品种，适当引进石丰、金丰、海丰、青毛软刺、处暑红等品种。根据不同食用要求，应以炒栗品种为主、适当发展优良的菜栗品种，既要考虑到外贸出口，又要兼顾国内市场需求，同时做到早、中、晚熟品种合理搭配。

3. 板栗树栽植建园

春季，3月份，过去以实生苗建园的栽植较稀，现在提倡用嫁接苗建园，一般株、行距为4 m×4 m，亩栽41株。计划密植的栗园，可亩栽112株，株行距为2 m×3 m。河滩、平地栽植稀些，山岭地栽植要相应的密些。栽植前先开沟或挖穴，并施入基肥。由于栗树的新根生长能力弱，根系受伤后较难愈合和生长，且易干燥失水，因此起苗和栽植时应尽量避免损伤根系。

4. 合理配置授粉树

板栗树主要靠风传播花粉，但由于栗树有雌雄花异熟和自花结实现象，单一品种往往因授粉不良而产生空苞。所以，新建的栗园必须配制10%授粉树，配置10%授粉树一定要与主栽品种花期相近的优良品种作授粉树。

5. 板栗树合理密植

板栗树的合理密植，是提高单位面积产量的基本措施。平原板栗果园以每亩30~40株，山地板栗果园每亩以40~60株为宜。计划密植栗园每亩可栽60~111株，以后逐步进行隔行隔株间伐。

6. 板栗树栽后管理

苗木栽植后，及时浇水保墒，提高苗木的成活率。要做好春刨树盘。3月份，土壤化冻后，进行春刨树盘，以疏松土壤，保持水分，促进根系生长。深度15~20 cm，近树干部宜浅刨，外梢部可加深。有土粪时先撒施在地面，然后翻刨，给板栗果树提供养分，为春季发芽生长做准备，同时可以促使板栗提早结果。

四、板栗树的修剪管理

板栗树的科学管理，一定要认识板栗树的生长结果特性与修剪技术。板栗树适应性强，抗旱、抗涝、耐瘠薄，其果实营养丰富，受人喜爱。是山区林农依靠发展致富的主要经济林树种。板栗树只有经过科学修剪，才能产量高、丰收丰产。

1. 板栗树生长结果的特性

板栗树属乔木树种，喜光照；若光照不良，结果部位极易外移，产量低、效益差。板栗树的芽有叶芽、完全混合芽、不完全混合芽和副芽4种。叶芽只能抽生发育枝和纤细枝；完全混合芽能抽生带有雄花和雌花的结果枝；不完全混合芽仅能抽生带有雄花花序的雄花枝；副芽在枝条基部，一般不萌发，成隐芽状态存在。而形成完全混合芽的当年生枝，称为结果母枝。板栗树的强壮结果母枝，长度在13～16 cm，较粗壮，枝的上部着生3～5个完全混合芽，结果能力最强。抽生出结果枝结果后，结果枝又可连续形成混合芽。这种结果母枝产量高、易丰产。

2. 板栗树的修剪技术

板栗树的修剪主要在冬季进行。板栗树的树形较多，在河南省南部地区主要采取自然生长的多主枝半圆树形。这种树形没有中心干，通常自主枝上分生2～4个大主枝，以40°～45°角向上生长。主枝上着生侧枝，但多不规则着生，开张角度45°～65°不等，向空间处延伸，成型后为大半圆状。这种树形经疏除过密的枝梢，控制粗壮枝和放松中庸枝等调整，是当前板栗树最常用的丰产树形。

（1）板栗树幼树的修剪。板栗幼树的修剪，要掌握"冬眠期修剪为辅，宜轻不宜重，少疏不截"的原则。在冬剪时把主干40～50 cm以下的侧枝全部剪除，并疏去树膛内的过密枝、纤细枝、重叠枝、交叉枝，同时选留好结果枝组，调节好各枝组间的距离和方向，培育好主枝，其骨干枝的延长枝可一年缓放，二年短截。多采用疏层形整型修枝，干高70～80 cm，在平原、河滩地，干高些；在山地，密植园，干可矮些。具有中心干，中心干上着生全枝47个，分成2～4层。全树的主枝排列方式为3、2、1式排列，1～2层间距1 m左右。第2、3层间距55～65 cm，3、4层45～50 cm。侧枝20～25个，第一层主枝的侧枝一般距于35～65 cm处选定，第二侧枝与第一侧枝错落着生，相距45～55 cm。最后选留第三侧枝或第四侧枝即可。同时，板栗树幼树顶端延长枝易形成二叉枝，为避免生成过多的骨干枝。选一枝作延长枝。疏除竞争枝。主枝上，选留出侧枝后，无用的小枝应全部疏除，以集中营养发育枝头。同时注意开张骨干枝的角度，剪除一些内向枝、徒长枝，培养向外生长的枝，扩大枝冠，圆满树形。

（2）板栗树结果树的修剪。此期修剪要把膛内的病虫枝、干枯枝、轮生枝、交叉枝、重叠枝、纤细枝剪除，加强树冠内的通风透光性，集中养分使结果枝组粗壮充实。对于顶端枝及骨干枝的延长枝，宜留 50 cm 短截以促发侧枝，增加结果母枝数量，提高结果面积以增加产量。

五、板栗树的肥水管理

1. 追肥浇水

板栗树果园，在 4 月上中旬追施第一次速效肥料，此次追肥对促进枝叶的前期生长和促进雌花簇的分化，提高当年产量效果明显。以氮肥为主，每亩盛果期树施标准化肥 0.5 ~ 10 kg。密植板栗果园每亩施标准化肥 20 ~ 30 kg。同时，可施入速效磷肥，用量可为氮肥用量的 1/2，最好与土肥一起在基肥中施入。追肥后要进行浇水，以充分发挥肥效。

2. 花期喷肥

为提高板栗果树的坐果率，6 月份，可于花前、花期、花后各喷布 1 次 0.2% 尿素 + 0.3% 硼砂或 0.3% 磷酸二氢钾。花前、花后有虫害时可与杀虫剂混合一起喷布，防治虫害的发生。

3. 壮果施肥

板栗果树园进入快速生长期后，要及时进行追施壮果肥。追施壮果肥是板栗树一年中的第二次追肥。在 7 月上旬，追施速效完全的肥料，每亩施标准氮肥 15 kg、磷肥 15 ~ 20 kg、硫酸钾 10 kg。或果树专用肥 40 ~ 50 kg。磷钾肥对果实的发育有明显的促进作用。同时，可结合夏季松土中耕，施入草木灰 100 kg 或炕洞土 250 kg。施肥后要根据果园的土壤墒情及时浇水和除草，起到松土保墒的作用。

六、板栗树的主要病虫害发生与防治

板栗果树病虫害繁多，危害板栗果实的主要病虫害有板栗炭疽病、桃蛀螟、栗雪片象、栗实象等，危害叶片的有板栗赤枯病、栗红蜘蛛、刺蛾类、栗大蚜等，危害枝干的主要有板栗疫病、板栗透翅蛾、栗瘿蜂、天牛类、透翅蛾、红脚绿金龟子等。

1. 板栗疫病的发生与防治

（1）板栗疫病的发生危害。板栗疫病又称板栗干枯病、溃疡病，是一种世界性病害，苗木、结果树都可受到侵染，轻的导致造林成活率下降、结果量降低，重的则使造林失败或整片栗林绝收。该病危害板栗大树和苗木，主要危害树干、枝条。

（2）板栗疫病的防治方法。对主干和枝条上的个别病斑，刮除后涂抗菌剂。及时喷布波美 10 度石硫合剂，或 70% 甲基托布津可湿性粉剂 1 份加植物油 3~5 份效果较好。

2. 板栗白粉病的发生与防治

（1）板栗白粉病的发生危害。板栗染病枝初期出现近圆形或不规则形褪绿斑点，随着病斑逐渐扩大，在病斑背面产生灰白色粉状霉层，秋季病斑颜色变淡，并在其上产生初为黄白色，后为黄褐色，最后变成黑褐色的小颗粒状物；嫩叶被害表面布满灰白色粉状霉层，发生严重时，幼芽和嫩叶不能伸长、皱缩卷曲、凹凸不平，叶色缺绿，影响生长发育。其病原菌以闭囊壳在落叶上越冬，第二年春放出子囊孢子，借气流传播侵染，3~4 月开始发病，产生分生孢子，再次侵染，使病害继续蔓延扩大，9~10 月形成闭囊。发病以幼树为主，大树发病轻。

（2）板栗白粉病的防治方法。白粉病出现后，及时消除有病的枝梢，并及早烧毁，以消灭或减少越冬病源；4~6 月发病期，喷 70%甲基托布津 1 000 倍液、50% 多菌灵 800~1 000 倍液、波美 0.2~0.3 度石硫合剂或波尔多液均可抑制发展。对严重病区可在板栗树萌芽前喷波美 5 度的石硫合剂；选用抗病品种。

3．板栗栗实象的发生与防治

（1）板栗栗实象的发生。板栗栗实象，又称栗实象鼻虫，栗实象成虫体型小，黑色或深褐色，长 7～9 mm，喙细长。幼虫纺锤形，乳白色。幼虫吃食种仁，采收后约 10 天幼虫老熟，钻出栗果，作茧越冬。被害的果实失去食用价值和发芽能力。

（2）板栗栗实象的防治。一是在水泥地上堆放、脱粒，使脱果的幼虫无法入土，集中杀灭，或事先在栗实堆放场地，撒施 30% 辛硫磷，防治效果极佳；二是利用成虫的假死性，于早晨露水未干时，在树下铺设塑料薄膜，轻击树枝，兜杀成虫；三是适期采收后，用 50% 杀螟松乳剂喷洒果苞；四是用二硫化碳熏蒸栗实，温度在 20 ℃ 以上时，1 m³ 空间用药 20 mg，处理 20 小时，可杀死幼虫，对栗实无影响。

4．板栗栗剪枝象的发生与防治

（1）板栗栗剪枝象的发生。板栗栗剪枝象又名板栗剪枝象鼻虫、剪枝象甲。成虫体长 6.5～8.2 mm，体蓝黑色，有光泽，鞘翅上各有 10 行点刻纵沟。雄虫前侧面有尖刺，雌虫无。腹部腹面为银灰色。卵为椭圆形，初产卵时乳白色，后变为淡黄色；幼虫体乳白色，弯曲有皱纹；蛹乳白色。以成虫咬断结果嫩枝，大量板栗幼蒲落地，造成严重损失。虫卵在落下的栗苞中发育成成熟幼虫，然后进入土壤中作土室越冬。次年 5 月下旬至 6 月上旬再出土危害，6～7 月为危害盛期，可延续至 8 月，一头雌虫一生可危害 15～35 个幼栗苞。

（2）板栗栗剪枝象的防治。一是清除园内及林缘茅栗、栎类树种和杂灌木，以减少虫源。二是在 5～6 月进行一次锄草抚育，秋冬板栗园地深翻树盘每亩撒施森得宝 50 kg，消灭越冬虫源。三是在 6～8月，每隔 3～5 天捡出园内落蒲，集中烧毁，坚持 2～3 年，效果十分明显。四是在 6~8 月喷布菊酯类农药 3 000 倍液 + 少量煤油，连续喷 2~3 次。

七、板栗树的花期授粉

在 6 月份，栗树的雄花比雌花多 1 000 倍左右，开放的时间比雌花提前 8~10 天，采集多品种的雄花序做成混合花粉，采回的雄花序凉干或烘干后，取出花粉。用箩去掉杂物，加入滑石粉等充填物，用广口瓶装好。栗树的雌花柱头显露后，即有授粉能力。其接受花粉的能力一般可维持 1 月之久。人工授粉应在柱头显露后的 7~15 天内进行，此时为授粉最适期，人工授粉增产十分明显，特别是零星栽植的栗树效果显著。

八、板栗树果实的采收与贮藏

1. 板栗果实的采收时期

板栗果实 9~10 月成熟，成熟前 10 天左右，是栗肉增长最快的时候，因此不可采收过早。当总苞由绿色转变为黄褐色，有 30%~40% 的总苞顶端呈十字形开裂时，为采收适期。

2. 板栗果实的采收方法

板栗采收方法有两种，即拾栗法和打栗法。拾栗法就是待栗充分成熟，自然落地后，人工拾栗实。为了便于拾栗子，在栗苞开裂前要清除地面杂草。采收时，先振动一下树体，然后将落下的栗实、栗苞全部捡拾干净。一定要坚持每天早、晚捡拾一次，随捡拾随贮藏。拾栗法的好处是栗实饱满充实、产量高、品质好、耐藏性强。打栗法，就是分散分批地将成熟的栗苞用竹竿轻轻打落，然后将栗苞、栗实捡拾干净。采用这种方法采收，一般 2~3 天打一次。

打苞时，由树冠外围向内敲打小枝振落栗苞，以免损伤树枝和叶片。严禁一次将成熟度不同的栗苞全部打下。打落采收的栗苞应尽快进行"发汗"处理，因为当时气温较高，栗实含水量大，呼吸强度高，大量发热，如处理不及时，栗实易霉烂。处理方法是选择背阴冷凉通风的地方，将栗苞薄薄摊开，厚度以 20~30 cm 为宜，每天泼水翻动，降温"发汗"处理 2~3 天后，进行人工脱粒。

3. 板栗果实的贮藏方法

（1）沙贮藏法。在室外挖沟（窖）贮放。选择排水良好的场地，挖宽 1 m、深 60 cm、长不限的沟，整平后，沟底铺一层湿沙，沙的含水量在 30%~35%，放一层板栗，依次层积，每层沙和板栗厚 5~

6 cm。最上一层沙距坑面 10 cm 为止。坑内可插秫秸把通风，最后封土成屋脊形，防雨水下渗。

（2）带苞贮藏。选排水良好的场地，地面铺 10 cm 厚的沙子，将苞果露天堆放。堆的大小可不等，但最高不超过 1 m，过高容易发热。堆上用秫秆盖好。注意检查，如堆内发热或干燥，可适当泼水，降温保湿。这种贮藏法简便省工，贮藏期长，可保持到次年 3~4 月，但带苞贮藏的栗子易发芽。如有象鼻虫危害的苞果不易采用此法，因堆藏湿度高，有利于象鼻虫活动。

第二章　核桃树的丰产栽培技术

核桃树，又名胡桃树，胡桃科植物，其品种分为野生山核桃和人工嫁接改良品种核桃。既是落叶乔木果树，又是重要的木本油料树种。核桃树树体高大、枝繁叶茂，更是道路绿化和村镇防护林的优良树种。

核桃树4～5月开花，果实球形，8～9月成熟。喜欢光照，喜水、耐寒，抗旱、抗病能力强，适应多种土壤生长，喜肥沃湿润的沙质壤土，怕霜冻，同时对水肥要求不严，落叶后至发芽前不宜剪枝，易产生伤流。核桃仁可供食用，又是高级的食用油，还是制造油漆的良好配料，木材、枝叶和果壳都有较大的用处。

一、核桃树的主要优良品种

核桃树，对土壤要求严格，以深厚的土层、排水良好的沙质土壤生长最适宜，山地阳坡生长优于阴坡。栽培的良种有：山东鸡爪绵核桃、新选育的"丰产"薄壳核桃、"隔年"核桃等，山西的光皮绵核桃、穗状绵核桃，河北的露仁核桃，北京的薄皮核桃，新疆的纸皮核桃、隔年核桃等。

1. 中林1号核桃

该品种树势较旺，树姿较直立，树冠椭圆形，分枝力强和丰产性强。中熟品种。坚果圆形，果基圆，果顶扁圆。纵径、横径、侧径平均3.38 cm，坚果重14 g。壳面较粗糙，缝合线两侧有较深麻点；缝合线中宽凸起，顶有小尖，结合紧密，壳厚1.0 mm。内褶壁略延伸，膜质，横隔膜膜质，可取整仁或1/2仁，出仁率54%。核仁充实饱满，仁乳黄色，风味好。

2. 中林5号核桃

该品种坚果圆形，果基及果顶均较平，纵径4.0 cm，横径3.6

cm，侧径 3.8 cm，平均坚果重 13.3 g。壳面光滑，色浅，缝合线较窄而平，结合紧密，壳厚 1.0 mm，易取整仁，出仁率 58%，核仁充实、饱满，纹理中色；脂肪含量 66.8%，蛋白质含量 25.1%。

3. 香玲核桃

该品种平均坚果重 12.2 g，壳面光滑美观，浅黄色，缝合线窄而平，结合紧密，壳厚 0.9 mm，香玲核桃品种可取整仁，核仁充实饱满，味香不涩，香玲核桃品种出仁率 65.4%。核仁脂肪含量 65.5%，蛋白质含量 21.6%，香玲核桃品种坚果品质上等。

4. 日本清香

该品种 4 月上旬萌芽展叶，中旬雄花盛期，4 月中、下旬雌花盛期，9 月中旬果实成熟，11 月初落叶。坚果较大，平均单果重 16.7 g，近圆锥形，大小均匀，壳皮光滑淡褐色，外形美观，缝合线紧密。壳厚 1.0～1.1 mm，种仁饱满，内褶壁退化，取仁容易，出仁率 52%～53%。种仁含蛋白质 23.1%，粗脂肪 65.8%，碳水化合物 9.8%，仁色浅黄，风味极佳，绝无涩味。

5. 河北露仁核桃

该品种核果形状多种多样，以卵圆形为最好。核壳局部退化，种仁外露，取仁极为方便。出仁率 60%～70%，出油率 75%，一般晚熟、丰产。

6. 新疆隔年核桃

该品种核果圆形、扁圆形，壳稍厚，出仁率 40%～50%。二年生可开花结果，适应性强，产量高。穗状核桃，多个核果着生于一个穗轴上，数目不等。果实大小不整齐。

7. 新疆纸皮核桃

该品种坚果扁卵圆形，两端渐尖，顶部较长，达 8 mm，三径为 3.7 cm×3.3 cm×4.2 cm；外壳麻点多、深、小，缝合线较窄，较隆起，紧密；单果重 14.7 g；壳厚 0.8 mm；内隔和内褶退化，较薄，纸质，取仁易，可取整仁，出仁率 56.9%～62.0%；仁饱满，黄白色，味香，脂肪含量 72.89%，蛋白质含量 12.49%。

二、核桃树的优良品种苗木培育

核桃树育苗主要是采用从优良母株上采集果实培育实生苗，也可利用山核桃、核桃楸、枫杨等植物幼苗作砧木，培育嫁接苗木。

1. 采收种子

9月份果实进入成熟期，选出优良单株，做上标记。当果实的外果皮由深绿色变为黄褐色，开始有部分自然落地时采收。采下后堆积沤皮并洗净。遭核桃举肢蛾为害的果实不可作种用。山核桃、核桃楸的采收适期同核桃。枫杨种子较小，当果实由青色转变为灰褐色时，采集果穗或扫集落地之果实，放背阴处风干后挂放。

2. 采穗备用

核桃的接穗需在秋末采取，冷藏到砧木发叶后嫁接或供室内嫁接用。接穗要求粗1 cm以上，髓部小、组织充实的发育枝，50~100根捆好，标明品种。先行沙藏保湿，待结冻后进行冷藏处理。其方法是预先在背阴处挖深1 m的地窖，待到三九天时，窖内放入30 cm厚的冰块，其上铺一层沙，再放上接穗，用湿沙充填好，然后覆土30~40 cm，高出地面。冷藏接穗是保证核桃枝接成活的关键措施之一。

3. 整理圃地

育苗要选用土壤肥沃，疏松，排、灌方便的地块作育苗地。每亩施入农家肥2 000~2 500 kg后，耕翻30 cm，然后整平作畦。若土壤干旱起坷垃，可先浇地后耕翻。

4. 种子贮藏

核桃和核桃楸等大粒种子，需要进行冬藏60天以上才能发芽。因此，12月份大雪后，及时将采收的种子进行冬藏处理。处理方法是：在背阴、干燥的地方挖1 m见方的坑，一层种子一层沙子贮藏。枫杨的种子后熟期40天左右，可在元月份开始贮藏。先将种子浸入40 ℃热水中搅拌至冷却，浸12小时后，与3~5倍体积的沙混合沙藏。沙子含水量为一握成团而不滴水，温度保持在0~2 ℃。贮藏期间注意随气温的变化，增减覆土厚度，同时防止老鼠的为害。

5. 播种育苗

3月中旬前后，在事先整好的地里，按行距45 cm开播种沟。播枫杨种子沟深为2~3 cm，沟内浇水进行条播。大粒的核桃和核桃楸，将种子用冷水浸泡2~3天，捞出后混湿沙，堆于向阳处。高30~40 cm，上面盖10 cm厚的湿沙，每天洒水1次保持湿润，晚间盖草帘或薄膜保湿保温，10~15天果壳开裂、露白即可播种。每天挑选1次，分批播种，播种时应足墒播种。先按行距40~50 cm开沟，按株距15~20 cm的距离播种，沟深7 cm，浇上水后，将种子横卧于沟内，点播。播后覆土厚度为种子厚度的3倍。覆土后压实保墒，播种量每亩100 kg左右，产苗量每亩7 000~8 000株。有条件的最好覆盖地膜出芽率高，苗木生长快，可以提早成苗嫁接。

6. 露地枝接

核桃的枝接时间宜在展叶时进行，避开伤流期。圃地的砧木苗，在嫁接前7~10天，剪去砧木苗木的枝梢"放水"。这样可减轻伤流对成活率的影响。取出先前贮放的接穗，用舌接、切接或皮下接法进行嫁接。要求操作迅速，刀快削面光滑不起毛。接后用黏泥封严接口，或用塑料条包严接口，最后套上地膜制成的小袋，接口、接穗要全部套住，成活后，再挑破小袋上口，让嫁接后的新芽长出来，就成为一棵嫁接品种苗木。

7. 大田嫁接

核桃大田嫁接可以在3月下旬至4月上旬进行。一是先采集接穗，3月中旬在芽即将萌动时，采集生长健壮、无病虫害的1年生枝作接穗，采后分品种进行湿沙贮藏；4月上旬待核桃砧木芽萌动开始嫁接。砧木要求粗度在1.5 cm左右，距地面10 cm处进行嫁接。特别注意，核桃嫁接时有伤流，不易成活，嫁接前12小时内必须在根际部刻伤至木质部"放水"，再行劈接或插皮接，接后用塑料条绑紧伤口，接穗上端用漆涂抹防止水分蒸发。成活后及时除萌松绑，松绑时间以新梢生长20 cm以上时进行为宜。待嫁接苗长至40 cm左右时，用小竹竿或木棍固定，以防风折。

8. 芽接技术

芽接一般在 8 月份，核桃含单宁多，接芽易变黑，影响成活，因此操作的速度要快，接口要大，芽片的芽眼必须带"护芽肉"，即带一些木质部为宜，宜采用方块形和环状形芽接。其环状形芽接方法如下：

（1）削取芽片。在接芽上 1 cm 处，芽下 1.2 cm 处，先后各环切一圈，深达木质部，然后在芽的背面竖起一刀。

（2）砧木切口。在距地面 5 ~ 9 cm 处的光滑面，按照接芽的长度上下各环切一圈，再于两环切口的中间竖切一刀，撕下筒状皮层。

（3）接口愈合。迅速取下筒状接芽，嵌入切口中。接芽大时，可撕下块芽条；砧木切口大时，可补块芽皮。接芽的上端与砧木的上端对齐，芽片不可重叠。接后绑缚严密，最好用塑料条绑扎。成活的芽子检查同其他芽接，芽柄发黄自然脱落或一触即落，即表示成活。

（4）苗木摘心。为培育充实的壮苗，可于 8 月份对生长旺盛的苗茎进行摘心控长，追施草木灰并根外喷布 0.5% 的磷酸二氢钾，有利苗茎的成熟。

9. 出圃苗木假植

进入 11 ~ 12 月，待出圃的核桃苗木，尤其是幼苗易遭冻害，因此，必须在落叶后、封冻前起苗假植。刨苗时要稍远离茎下镢，深挖保护根系。随刨随分级。合格苗应根系良好、基干粗壮，高度 1 m 以上，芽子饱满，无检疫对象。按 20 ~ 50 株捆好，竖放在贮放沟内。沟宽 1.5 m，深 1 m 左右，沟内铺 10 cm 湿沙，放上苗木，解捆充填根部沙子，使之充分均匀，厚度在 30 ~ 40 cm，然后再盖以湿土，覆埋苗茎 2/3 左右，以防止苗茎失水抽干。最好围绕贮苗沟修建排水小沟，防止冬季雪水入沟。

三、核桃树的栽植建园

1. 园地选址

核桃树喜光照，不耐寒，所以从选择光照充足的阳坡为好。核桃树对土壤要求较严格，山荒地必须在土山上建园，11 ~ 12 月，先整出水平梯田，加厚活土层。

2. 栽树建园

核桃宜春栽。在秋季挖好坑、规划好的基础上，土壤化冻后即可栽植。由于核桃同一植株的雌、雄花多数不是同时开放。因此，成片种植必须配置10%左右的授粉品种。栽植后立即在1 m处定干，套上长20 cm的地膜袋，保护整形带芽眼。树盘浇足水后，搂平，然后覆盖1 m见方的地膜。

3. 树干保护

冬季11～12月，1～2年生的幼树，越冬抗寒力较弱，需要及时进行防寒措施。方法是将苗头弯倒触地，堆积湿润的细土覆盖枝干，厚度在20～30 cm，并踏实，不使透风，最上面再覆盖5 cm左右的干细土。三四年生后，防寒的方法是在枝干涂白、包草等技术措施。同时，对树干上造成的各种伤口必须加以保护，防止被杂菌寄生。木质部腐烂而成树洞的，新伤口宜用油漆保护，已成烂洞后，可用麻刀泥或水泥堵洞护干。

4. 春耕翻土

早春2月中旬，土壤开冻后，较平坦的大块核桃园地，可春耕春刨。山坡的树株，可刨树盘，放树窝、开地筑堰等，以疏松土壤，增强土壤保水蓄肥能力。耕刨的深度以15～20 cm为宜，避免伤及大根。春耕春刨要在春分前结束，有利于保墒。经验证明，耕刨的核桃树表现良好；不耕刨的园片，则树势弱，叶色黄，产量低。

注意：发展核桃园，核桃的栽植时间一定要在3月下旬萌芽前后，栽植1～2年生苗木成活率高，栽后应浇透水，并加强水肥管理，经常松土除草，雨季注意排水，在6～7月注意防治病虫害。生长期应进行修枝，干高保持在3 cm以上。落叶后不可剪枝，否则易造成伤流，影响树木长势。

四、核桃树的修剪管理

1. 核桃树生长期的修剪

生长期的修剪，主要是控制枝条的新梢，即对新梢进行摘心修剪。7~8月，幼龄核桃树生长旺，因而易发生抽干现象，特别是1~2年生幼树，枝干由上向下逐渐干枯，严重的可一直干到地面。所以立秋后，对旺长的新梢摘心，可促进枝条增粗，提高枝条的成熟度，同时，增强枝干抗寒越冬能力和提早结果的能力。

2. 核桃树越冬前期的修剪

（1）核桃树越冬前的修剪原因。核桃树在休眠期修剪会造成伤口局部受伤，会有伤流，所以不能进行冬季修剪。修剪的时间宜在立夏前后和秋季进行。一般是在9月中旬至10月上旬，或是在白露—寒露的果实采收后，落叶前进行。幼树因无果实，可提前在处暑进行修剪。

（2）核桃树结果期枝梢的修剪。修剪时应注意处理下垂枝。对强旺枝，先疏其上的旺枝，削弱生长势，后改造为结果枝组，而多者则应及时疏除。对冠内先前保留的辅养枝，改造为枝组，过密则逐渐压缩乃至疏除。徒长枝先看部位，留者先重截、摘心控制，促其产生分枝，最后回缩改造为枝组。对一些过密、重叠、交叉，细弱枝及病虫、干枯枝，予以疏除。

（3）核桃树结果母枝的修剪。修剪的原则是扶弱留壮。幼树以疏密为主，短截强旺结果母枝，延缓结果部位外移速度。老树则应以疏弱留强为主，集中营养，提高结果母枝的连续结果能力，同时结合大枝组的缩剪技术，放出去，缩回来，育新枝，去旧头，确保生长出健壮的结果母枝。当核桃树树势转衰后，提前培育更新枝，从而提高核桃树的结果能力，保证丰产丰收。

五、核桃树的肥水管理

1. 第一次施肥灌水

核桃树的生长过程中，萌芽和抽生新枝，长叶、开花、结果都离不开充足的肥料。核桃树缺肥料时，生长不良，坐果率低。所以在4月上旬，以追施速效的氮肥为主，施用量一般每株株产核桃5 kg的核桃树，施标准化肥1~1.5 kg。核桃耐旱性差，干旱时结合浇水1次。

2. 第二次施肥灌水

5月初，核桃树开花，雌花授粉后，即进行一年中第二次追肥灌水，此期以氮肥为主，配合磷、钾肥，每株结果5 kg树追施磷酸二铵0.5 kg，或碳铵1.0 kg＋过磷酸钙0.5 kg，施肥后墒情不好时及时灌水一次，可以提高坐果率。

3. 第三次追肥灌水

核桃果实含脂肪极高，硬核期追肥以磷钾肥为主，有利于核桃种仁的饱满和花芽的分化。特别是在7~8月，要进行第三次追肥灌水，一般用量为每亩追磷酸二铵100~200 kg，或尿素150 kg，也可用碳酸氢铵200 kg，做到随追施随浇水。追肥时要防止肥料溅沾到核桃树的叶片上。大雨之后要排水，防涝。追肥要抢在雨前或雨后进行。

4. 及时松土除草

核桃树园的管理要结合除草进行耕锄2~3次，这样可以松土保墒，提高核桃树的产量。

六、核桃树的主要病虫害发生与防治

核桃树的主要病虫害有腐烂病、黑斑病、枝枯病、春尺蠖、草履蚧、红蜘蛛、金龟子等。

1. 核桃腐烂病的发生与防治

（1）核桃腐烂病的发生。核桃腐烂病是一种真菌危害的病害，主要危害枝、干。枝条染病，一种表现为失绿，枝条干枯，其上发生黑色小点；另一种从剪锯口处生明显病斑，向下蔓延，绕枝一周后形成枯梢，影响核桃树健壮生长。

（2）核桃腐烂病的防治。加强核桃园管理，增施有机肥，合理修剪，增强树势，冬季树干涂白；夏季或生长季节要及时刮治病斑，刮后涂40%晶体石硫合剂20~30倍液、波美5~10度石硫合剂或50%多菌灵可湿性粉剂1 000倍液进行防治。

2. 核桃黑斑病的发生与防治

（1）核桃黑斑病的发生。核桃黑斑病属一种细菌性病害，主要危害果实、叶片及枝条。果实受害后，果面上出现小而微隆起的黑褐色小斑点，后扩大成圆形或不规则形黑斑并下陷，无明显边缘，周围成水渍状，果实由外向内腐烂。叶片受害后，最先沿叶脉出现小黑斑，后扩大呈近圆形或多角形黑斑，严重时病斑连片，以致形成穿孔，提早落叶。造成果实变黑早落，出仁率和含油量均降低。

（2）核桃黑斑病的防治。发芽前，为防治核桃黑斑病、喷布波美3～5度石硫合剂。同时，加强栽培管理，生长期喷1～3次1:0.5:200的波尔多液，或50%甲基托布津或退菌特可湿性粉剂500～800倍液，进行喷布即可。

3. 铜绿丽金龟的发生与防治

（1）铜绿丽金龟的发生。该害虫1年发生1代，5月开始化蛹，8月下旬危害终止，幼虫11月进入越冬期。成虫危害嫩芽和叶片，幼虫危害幼苗主根和侧根，严重时造成苗木死亡。

（2）铜绿丽金龟的防治。在果园内挂置诱杀灯捕杀成虫，在生长期对树冠喷布灭幼脲Ⅲ号2 000倍液灭杀成虫；在苗圃地土壤内施入森得宝粉剂200倍，防治幼虫即可。

（3）核桃枝枯病的防治。发芽前，可以喷布波美3～5度石硫合剂防治。清除病枝，集中烧毁。晾土或客沙换土，换土可每年一次，一般1～2次见效。种子消毒及土壤处理，播前用50%多菌灵粉剂0.3%拌种，对酸性土适当加入石灰或草木灰，以中和酸度，可减少发病，此外，用1%硫酸铜或甲基托布津500～1 000倍液浇灌病树根部，或用代森铵水剂1 000倍液浇灌土壤，对病害均有一定的抑制作用。

七、核桃树的花期授粉

核桃树授粉的目的是提高坐果率。核桃的花为雌、雄同株异花。而雌雄花开放的时间不一致，有的相差10天以上。雌雄花期不能相遇的树，授粉不良，导致花而不实，特别是散生核桃树，通过人工授粉可以提高产量。

1. 防霜授粉

春季4月份，核桃花期较长，会有晚霜为害，特别是在山区，遇到晚霜来临，可采取点火燃放杂草着烟等处理方法，防止霜打核桃花，从而减少受害。

2. 人工授粉

花期进行人工授粉，可提高坐果率20%～30%。授粉的时间是当雌花开放，柱头呈倒"八"字或平展状，呈淡黄色并分泌黏液时进行。在一天中，以上午9～10时或下午4时授粉最好。授粉的方法有点授和散授两种。点授是用橡皮头或毛笔蘸花粉点于柱头上，而散授则是用竹竿绑上棉花球，蘸上花粉在上风头上轻轻敲打竹竿，让花粉随风飘扬传授。雄花序的花药开始开裂时采集花粉，采后置于室内，保持20 ℃，经一昼夜即可散出花粉，收集后装入容器置于干燥处备用。由于核桃品种的不同，花期很不一致，以各品种的混合花粉为好，同时注意观察最佳的授粉时机。幼树的雌花多，雄花少，为提早结果，应及时进行辅助授粉。

八、核桃树果实的采收与贮藏

1. 核桃果实的采收

1）采收时期的确定

核桃品种不同，其成熟期有较大差异，早实核桃在8月成熟，中林1号9月中旬才能成熟。有的品种如清香核桃要在9月中下旬成熟。另外，即使同一品种在不同地区成熟期亦不尽相同，香玲核桃在河南8月下旬成熟，所以核桃成熟日期要根据形态上的成熟标志来确定适宜的采收期。核桃形态成熟的标准是：青果皮由绿变黄、部分青果皮侧面开裂、青果皮易剥离。内部特征是：种仁饱满、幼胚成熟、子叶变硬、风味浓香。避免早采，以免降低核桃品质和产量。

2）采收顺序的确定

不同品种分期采收，采完一个品种再采另一个品种。在树上采收顺序为从上向下、从内向外顺枝进行，以免损伤枝芽，影响下年产量。

3）采收果实的方法

为了提高坚果外观品质，方便青皮处理，采用单个核桃手工采摘的方法，也可用带铁钩的竹竿或木杆顺枝钩取，避免损伤青皮。采收装袋时把青皮有损伤的和无损伤的分开装袋。

4）采果后青皮处理

果实采收后，在浓度为 0.3% ~ 0.5% 乙烯利溶液中浸蘸约 30 秒，按 50 cm 的厚度堆放在阴凉处或室内。在温度 30 ℃、相对湿度 80% ~ 95% 的条件下，5 天左右，离皮率可达 95%。乙烯利催熟时间长短和用药浓度与果实成熟度有关。催熟后的青皮果采用人工剥除青皮或用脱皮机脱除。

5）坚果的冲洗漂白

将脱皮的坚果装筐，用竹扫帚搅洗，采用流水式冲洗更好。漂白可使果实洁净美观，方法有漂白粉漂白和硫黄熏漂白。用漂白粉 0.5 kg，加水 30 ~ 40 kg，放入脱皮后并用水洗净的湿核桃，漂洗 10 分钟，漂后立即水洗干净，并晾干。薄皮核桃不进行漂白处理。作种子的坚果，脱皮后不必洗涤，可直接晾干后贮藏备用。熏硫黄法则是把剥去青皮的核桃囤围起来，或放密封的屋内，点燃硫黄熏，时间 30 ~ 60 分钟，可达到漂白的目的。1 000 kg 核桃用硫黄 2 ~ 3 kg。

6）坚果的干燥

采取自然晾晒法，洗好的坚果可在竹箔上或者高粱秸箔上阴半天，等大部分水分蒸发后再摊放在芦席或竹箔上晾晒，且不可在阳光下暴晒，以免核壳破裂，核仁变质。坚果摊放厚度不应超过 2 层果，以免种仁被光面变为黄色。注意避免晚上淋雨和受潮。一般晒 5 ~ 7 天即可。判断干燥的标准是，坚果碰敲声音脆响，横隔膜易于用手搓碎，种仁皮色由乳白色变为淡黄褐色，种仁含水量不超过 8%。有条件的地方可以利用低温烘干机烘干脱除青皮后的坚果，这是核桃现代规模化生产的主要烘干方法。

2. **核桃果实的贮藏**

1）室内贮藏法

室内贮藏适于短期存放。将晾干后的坚果装入布袋或麻袋中，放在通风、干燥的室内贮藏或者装入筐内，放在阴凉、干燥、通风、背光的地方贮藏。为避免潮湿，最好在堆下垫上隔离材料，且能防止鼠害。少量种用核桃可装在布袋中挂起来。

2）低温贮藏法

长期贮藏核桃应在低温条件下贮藏。大量贮存可用麻袋包装，贮存在0～1℃的低温冷库中，效果好。在无冷库的地方，可用塑料薄膜帐密封贮藏。选用0.2～0.23 mm厚的聚乙烯膜做成帐。帐的大小和形状可根据存贮数量和包贮条件来设置，帐内含氧量保持在2%以下。如贮量不多，可将坚果封入聚乙烯袋中，贮藏在0～5℃的冰箱、冰柜中，可保存2年以上。

3）密封贮藏法

核桃果实采收后进入冬季，冬季气温低、空气干燥，秋季入帐的核桃，不需要立即密封，待第二年2月下旬气温回升时，再进行密封。密封应选择低温、干燥的天气进行，使帐内空气相对湿度不高于50%～60%，以防密封后霉变。一般长期贮藏核桃，其含水量不得超过7%。在低温（1.1～1.7℃）条件下贮存核桃仁，可保持2年不腐烂。

第三章　桃树的丰产栽培技术

桃树，花开粉红满树，果实色泽鲜艳满园，汁多味美，老少皆宜，很受人们喜爱。其结果早，收益快，很受果农的欢迎，是我国主要栽培落叶果树之一。

桃树在干旱气候地区表现为耐干旱，土壤含水量在25%～35%时生长良好。桃树喜光，要求光照充足。光照不足时，桃树嫩枝易枯死。桃树对土壤要求不严，一般土壤均可栽植，但以排水良好，土层疏松的沙壤土最宜。pH值5～7.5为适栽范围。桃树根系好氧性强。土壤黏重，排水不良，地下水位高的地方，均不适宜栽种。

一、桃树的主要优良品种

桃树的品种资源非常丰富，我国原有的地方良种、科研单位培育的新品种，以及从国外引进品种，构成了一个庞大的栽培品种种群，果农栽培时，可根据生食为主或加工为主的实际需要，确立本地区的几个主栽品种，按一定的比例和当地实际状况、因地制宜引种桃树品种，建立桃树基地或桃园。

1. 曙光油桃品种

中国农科院郑州果树所培育，是极早熟黄肉甜油桃，其果实果面为红色，平均单果重100 g，6月10～15日成熟，耐贮运。

2. 艳光油桃品种

其果实果皮底色白，果肉白色，平均单果重120 g。品质优良，较耐贮运。果实发育期65～70天，6月下旬成熟。

3. 瑞光油桃18品种

北京市农科院林果所培育。中熟黄肉甜油桃，其果实果面全红，平均单果重210 g，耐贮运，7月底成熟。

4. 砂子早生水蜜桃品种

早熟品种，其果实果皮底色浅绿，果顶和向阳面有红晕。平均果重 200 g，丰产，耐贮运、7 月初成熟。

5. 陆王仙水蜜桃品种

早熟品种，其果实果个较大，果面为粉红色，果肉浅白有红线，品质上乘，8 月中下旬成熟。

6. 早凤王水蜜桃品种

早熟品种，其果实果面为粉红色，平均果重 250 g，果肉白色，品质优良，丰产、耐贮运、7 月上旬成熟。

7. 春艳桃品种

早熟白肉水蜜桃，其果实果形圆正，果个较大，平均单果重 112 g，最大果重 212 g。色泽鲜红，底色乳白娇嫩，果肉白色，质地细腻，香气浓，可溶性固形物 12% ~ 14%，黏核，果实发育期 62 天左右。其特点是，树势旺盛，树体健壮，树姿较开张，成花容易，复花芽多，蔷薇型花，花粉量大，自花结实力强，结果早，丰产稳产，适合露地或保护地栽培，保护地栽培时注意增光促进着色。

8. 安农水蜜桃品种

早熟品种，其果实呈近圆形，较大，果肉乳白色，局部微带淡红，果皮易剥离，手轻轻一撕即掉皮，肉细嫩多汁，香甜可口，且营养丰富，果实 6 月中旬成熟。

9. 久保桃品种

其果实近圆形，果皮鲜红色，果面光滑美观，味甜、香味浓，果重 225 ~ 275 g，果形圆而不正，果皮底色乳白，向阳面、顶部及缝合处红晕，果肉白色、溶质，肉质致密，纤维少，汁液多，风味甜酸而浓，果实近核处着玫瑰红色。含可溶性固形物 16.5%，果实 7 月底成熟。

10. 早花露桃品种

果实近圆形，平均果重 86.5 g，最大 125 g。果皮底色乳黄，彩色红晕或红斑。果肉乳黄色，肉质软，味浓甜而香，半离核，核小。果实生育期 56 ~ 58 天，5 月上、中旬熟，丰产，为特早熟品种。

二、桃树的优良品种苗木培育

优质良种桃树苗木是通过培育砧木种子苗木嫁接繁育而成的。砧木一般采用新疆毛桃、山毛桃等。

1. 采收良种

8月上、中旬，在山毛桃成熟期，可以去山里收购毛桃，以小毛桃最好，运回来的毛桃要堆放，以厚度30 cm为宜，长短以晒场地而定，当气温高的天气下，堆放的毛桃2~3天，待果肉腐烂，人工拣出桃核，用水漂洗干净，及时捞出漂出水面的虫害或无仁果核，把洗好沉在水下的种子，铺放在土地晒场上12~24小时晾晒晒干，注意不要摊在水泥地上暴晒、以免影响出芽率。

2. 种子贮藏

山毛桃的后熟期在80天左右，计划进行培养苗木的砧木种子，必须进行冬季沙藏。11月中下旬，选择干燥凉爽的高地，挖深宽各1 m，长短视种子多少而定，在坑底铺一层15~20 cm的牛粪、摊一层10 cm厚的沙，上面铺一层5~10 cm的种子，再铺一层10 cm厚的沙，当至坑沿18~20 cm时，铺沙高出地面10~20 cm。铺沙的湿度，以手握成团，不滴水为准，堆放时隔一段放一芝麻秸或玉米秸，以利通空气，芝麻秸或玉米秸要上下放置。贮藏的种子每隔10~20天检查一次湿度，如发现桃上有霉斑，是缺水，挖出来泼一点水；如发现桃核粘沙，就是水分过大，挖出来晾晒下，仍然填入坑里、封好，下雨时盖住。用此方法贮藏的种子，第二年下地播种出芽率高。

3. 整地播种

（1）育苗地的选择。由于桃芽具早熟性，分枝多，较易当年成苗。肥沃地、有水源地，搞当年成苗；瘠地、山坡地育苗，应搞2年出圃苗。在播种安排上，当年出圃苗应提前早播，催芽选播。2年出圃苗则可适当晚播，催芽早播后剩下的种子，发芽后再播。

（2）育苗地的整地。桃树的育苗地，应选用地势高燥，地下水位低，土质疏松，排水通畅和离水源近，灌溉方便的地块。黏重地、重茬地及盐洼地，不宜育苗。要选择平整的好土地，圃地深耕时深度以

25～30 cm 为宜，肥力差的地块，每亩施入 1 500 kg 左右土粪，做到耕细耙，随后打畦，畦宽 80～100 cm，长短不限，畦与畦距 40～50 cm，每畦可播种 4 行。

（3）播种前的催芽。2 月下旬至 3 月初，取出沙藏的种子，连同沙子一起，置于向阳处，盖上地膜或支塑料棚催芽。种子催芽要及时在种子上撒上一定的水分，防止催芽过程中失水干燥，有利种壳干裂。

（4）适时科学播种。

春季播种，3 月上、中旬，当催芽过的种子种核开裂，胚根刚刚萌动时，即为播种适期。先于整好的畦内，按行距 40 cm，开深 6～8 cm，宽 10 cm 左右的播种沟，浇上底墒水，按株距 15 cm 点播。播后覆土 5～6 cm，最后搂平推实。如果种子已发芽达 2 cm 以上时，应将胚根朝下，分粒栽播，覆土要浅一些，以 3～5 cm 为宜。山毛桃一般每公斤种子 250～500 粒，每亩用量为 20～30 kg。其他桃做砧木的，因种子粒大，数量少，需用种子多。每千克种子在 200～400 粒，每亩用量为 30～40 kg。一般经过科学管理，春天出苗整齐，每亩可培养育砧木苗 8 000～10 000 株。

秋季播种，9 月上旬，秋播的方法和春播一样。秋播的优点是可减少冬季沙藏的工序，缓和春季劳力的紧张状况，出苗早，生长也较好。缺点是出苗率低，且不整齐。秋播的深度，亩行、株距，均与春播相同。播种量要多 1～2 成，以均匀的条播为宜。播种时要浇水，以利于种子与土壤结合。播种后覆土 5～7 cm，再扶小垄包裹覆盖种子，起到防寒越冬的作用。第二年 3 月上旬，推平小垄，以利出苗即可。

（5）砧木苗的管理。3 月下旬至 4 月上旬，播种后的种子先后出苗，此时天气干旱可以浇一次大水；5～6 月，当砧木苗生长进入旺盛生长期，应注意施入氮肥，每亩施尿素 10～20 kg，每月 1 次，以促进枝叶的生长；7～8 月，为了使苗干组织充实，木质化程度高，以追施磷钾肥为主，每亩施入磷酸二氢钾 15～20 kg。在生长期里要注意中耕除草，每 20～30 天苗圃地普锄一遍，深度以 5～10 cm 为宜，这样既疏松土壤，又兼除杂草，有利于苗木快速生长。

（6）嫁接良种苗木。嫁接繁育良种苗木，在一年中，只要有良种芽眼和适当的砧木苗，均可以多次嫁接繁育桃树苗木。

春季嫁接。3 月春分前后，可用枝接法嫁接，也可用劈接，切接、皮下接等方法嫁接。一般春季采用带木质部芽接。嫁接的方法与秋季"T"字形芽接大体相同，只是接穗是休眠的一年生枝，不离皮，没有叶柄，削成的芽片必须稍带木质部。以即将萌动的芽眼为接芽，较易成活。已萌发的芽则不易成活，所以应防止接穗芽眼萌发，延长嫁接时间。春季芽接需用塑料条绑扎成活率高。

夏季芽接。当砧木苗茎 10～15 cm 处，粗径达到 0.5 cm 以上时，即可嫁接。一般在 6 月中、下旬开始。接穗采用当年生新梢，只要枝条木质化，能取下芽即可用。芽眼过熟，已进入休眠状，萌发较慢。经过试验证明，用生长旺盛的徒长枝芽眼，嫁接后 10 天左右即可发芽，而在结果树上采集的停长枝条，接芽虽饱满，但接活后萌发的时间需 15～20 天，注意避免误接盲芽。嫁接方法用"T"字形芽接，嫁接高度以地面上 12～15 cm 处为宜。用塑料条绑缚接芽。接活后的芽柄发黄、自落，立即在接芽上剪砧，10～15 天后解除绑扎物。

（7）嫁接后的管理。除蘖是春、夏、秋等时间嫁接的苗木管理的重要一环。4～8 月，都要及时除蘖，将嫁接苗砧木上萌发的萌蘖一律除掉。如果要是嫁接繁育速生苗的，必须是在肥沃的好地上嫁接育苗，同时，水肥供给要充足。嫁接后要加强肥、水管理，当年嫁接的芽眼出圃高度可达 1 m 以上。

（8）适时及时追肥。初夏 5 月份，对二年生嫁接苗，在瘠薄的土壤上叶色浅黄，说明缺肥，每亩追施磷铵 20～30 kg。土质较好、叶色浓绿的，亩用量要少些，一般 10～15 kg 即可，避免大肥大水而使桃苗疯长。

（9）苗木的出圃。苗木的出圃时间，主要以栽植的时间而定。实践证明，晚秋（10～11 月）时节，此时气温不太低，栽树建立果园苗木成活率高于冬季栽的苗木。如果秋天栽树，则苗木在圃内过冬，第二年春起苗好。因用地或劳力的原因，一定要冬前起苗出圃，则可用假植保存苗木。苗木起苗后必须进行分级，不合格的苗尽量不直接用于建园栽植，合格的苗木即可出圃。

三、桃树的栽植建园

建立桃园，一定要根据所在的地域进行科学布局，选择优良品种、经过科学管理，才能提早结果，快速见效。

1．建立桃树果园的标准

在平原地区建立桃树园，一般选择 3 m×5 m 或 4 m×5 m 的株行距栽植；在山里、丘陵地区建立桃树园，一般选择 3 m×3 m、3 m×4 m，也可选择 2 m×6 m。如自育自栽的苗木，可栽半成苗，出芽时，抹去砧木芽、待芽长至离 50～60 cm 时摘心，这样促使主枝发 2 次枝。此时，要选择 40°～45°的角，留三个主枝，一般第一主枝留东南方向、第二主枝留西南方向、第三主枝留正北方向，其他的新梢重摘心，当三个主枝都长到 15～20 cm 时摘心，往后保留 30 cm 连续摘心，新梢上两边多留枝，当年可形成径 2 m 以上树冠，第二年可有一部分桃树提早结果和少量的产量。

2．桃树苗木的栽植技术

栽植苗木，要选择适宜当地生长，丰产、结果的品种，做到随购苗木随栽植或随起苗及时栽植。栽植树穴挖 1 m×1 m，深 60～80 cm，每穴施入农家肥 30～50 kg，磷肥 1～2 kg。先填土半穴后，再将表土与土粪分层拌和施入穴中。有条件的放水沉实再栽树。水源不足地区可先栽树、后沉穴浇树一起进行。一般晚秋定植较冬栽为好。平原地区栽植，栽植密度较稀一些，以 4 m×5 m；山地建立果园一般密一些，栽植密度以 3 m×4 m 为多。栽植时要配植授粉树，授粉树的开花期，果实成熟度要和主栽植的桃树一致者为好，一般每亩 3～5 株即可。

3．桃树苗木栽植的定干

山地、丘陵桃园苗木栽植定干，以 50～60 cm 高；平原桃园苗木栽植定干，应以 60～80 cm 高，定干时顶芽多留在北边，整形带留 20 cm，8～10 个饱满叶芽，干以下芽子全部抹去。当新梢长至 10 cm

时，选三个方位角均匀、长势好的新梢，一般第一主枝占东南方向，第二主枝占西南方向，第三主枝占北方；特殊情况也可选 2~4 个主枝。当主枝新梢长至 15~20 cm 时第一次摘心，40~50 cm 时第二次摘心，70~80 cm 时第三次摘心，对其上发出的新梢，两侧多留枝，控制背上旺枝；对下面发出的下垂枝，拖地的剪去。

4. 桃树苗木栽后的管理

桃树苗木栽后的管理非常重要，是提高桃树快速生长、提早桃树结果和丰产的主要管理技术。

（1）肥水管理。根据天气，适时加强肥水的管理；同时，保持桃树树盘下疏松，即要中耕除草，促进幼树快速生长。

（2）抹芽打杈。春季 3 月上旬，桃树发芽后，及时抹去直立旺芽，主侧枝头留单芽延伸，春夏两季，应进行 3~4 次夏剪，角度直立的品种，夏季进行拉枝。5 月中旬，疏去背上直立枝，抹去过多的双生芽、直立芽，剪去背下的下垂枝目。

（3）疏除果实。先疏病虫果，畸形果，后疏朝天生长的果，果枝基部 8~10 cm 内不留果，只留枝条下面的果，小型果 10 cm 左右留 1 个果，大型果 10~15 cm 留一个果。

四、桃树的修剪管理

桃树喜光性强，生长速度快、结果早、产量高，且年生长量大，形成副梢能力强。因此，桃树要在冬季休眠期内进行修剪，还要在生长期里不失时机地进行科学修剪，才能使桃树年年丰产稳产。

1. 桃树的生长期修剪

（1）新梢生长期的修剪。春季 3~4 月，主要修剪技术是抹芽、疏梢。修剪的目的是平衡树势，减少树体没有必要的营养消耗，促使果实快速生长。

抹芽，此期树体营养丰富，树液活动（流动）增快，萌芽、抽枝能力强。此时应及时对树冠内的主侧枝上的并生芽、过密芽，生长势旺盛的背上芽、生长势弱的背下芽、畸形生长的芽和病虫危害芽进行抹除。

疏梢，在抹芽时，一些小芽或质量不能分辨好坏时，可到 4 月下旬或 5 月上旬，芽子抽生 3～10 cm 时生长势和发展趋势表现已较明显，对抹芽不能彻底或暂时多留的部分幼嫩枝梢进行疏除。

摘心，即对树冠内骨干枝的延长枝梢、背上直立生长的新梢、徒长枝梢、竞争梢等短截摘心，这样具有改变生长姿势、开张角度、缓和生长势、促其发生副梢等作用，同时有助于培养开心树体结构、加快成形、促进枝梢花芽分化的形成，提早结果。

（2）新梢快速生长期的修剪。初夏 5～6 月，此期主要修剪技术是摘心、剪梢。修剪的目的是控制竞争枝、徒长枝，同时调整竞争枝、徒长枝、副梢的生长方向及其角度，从而使这些枝梢形成结果枝或结果枝组。

（3）新梢缓慢生长期的修剪。6 月下旬到 8 月上旬，新梢缓慢生长期主要是疏枝。修剪的目的是通过疏枝促进果枝营养的转化和积累及花芽分化。同时改善树冠内光照通风条件，使果树平衡生长发育。

2. 桃树冬季休眠期的修剪

（1）桃树 3～4 年生桃树成形后的整形与修剪。桃树的树形主要是自然开心形，具体的修剪方法是：长果枝留 5～7 节短截，中果枝留 3～5 节短截，短果枝剪留 2～3 节短截。花束状结果枝，由于仅顶芽为叶芽，可进行疏间 2/3 左右。对成花节位高的品种，剪截结果枝可采用一长一短修剪法，有利果枝的更新。

（2）桃树 5 年生以上盛果期的整形与修剪。桃树多以自然开心形为主，三主枝以 120°角排列，主枝角度：基部 40°～45°、腰角 20°左右，梢角 60°左右，每主枝留 1～2 个侧枝，总高度 3.5 m 左右。

一般第一年冬剪时，只选出三个主枝，每个主枝上留一个侧枝，主侧枝的延长头都留饱满芽中短截。3 月上旬，及时抹除背上直立旺芽，主、侧枝延长头上只留 1 个延长头，其余抹去。延长枝长至 35～40 cm 时及时摘心，促使枝条长壮，后部萌发大量枝条，对缺枝的地方把直立枝通过摘心疏枝改造成结果枝，一年通过 3～4 次夏季整形修剪，并在 7 月上旬喷 150 倍多效唑，使枝条全部形成花芽。

第二年冬季剪去直立旺枝、背下下垂枝，两侧多留结果枝，以每边 20 cm 留一个果枝、上下参差、不摘不秃为原则，如周围有空间，主侧枝延长头中短截，自剪延伸，如无空间，一律视为结果枝留下的结果枝，一律长放。

五、桃树的果实套袋

桃树的果实套袋是一项新技术。为了提高桃树果实的品质，在果实生育期套袋培育，可大大提高果实的品质和档次。主要技术如下：

1. 套袋的作用

桃果套袋可以防止病菌感染、侵害果实；防止昆虫、鸟类、果蝇等危害果实；防止空气中有害物质及酸雨污染果实；防止强光照紫外线烧伤果实表皮；避免果实与其他物体相互摩擦损伤果面；减少喷洒农药次数，避免药物与果实接触，降低农药残留，生产无公害果品；为生育期的果实营造优良环境，改善着色、提高果面的光洁度；增加水果产量，并改善果实的品质，从而提高经济效益，增加果农收入。

2. 果袋的选择

桃果套袋应选用避光、疏水、上口有绑丝、下有透气孔的 180 cm × 155 cm、单层、复色、透气性好的专用纸袋。为了节约，也可以自制纸袋套果。自制果袋的方法：取一张 185 cm × 26 cm 的刊物纸，横向折叠，糊成筒状，上口敞开，下口中间订一书钉。使用时袋口向上，幼果套在袋中间，将袋口横向折叠，用订书机固定在桃枝上即可。

3. 套袋的时间

桃的早、中熟品种在谢花 30 天左右定果后套袋为宜。晚熟桃在 7 月上旬套袋，套袋应在晴天进行。

4. 套袋前处理

早熟果品种先套，晚熟品种晚套，套袋前喷一遍杀虫、杀螨、杀菌剂药物，若 5~6 天套袋没有结束，可再喷一次药物。

常用的药剂为：5% 来福灵 2 000 倍 + 25% 灭幼脲 1 500 倍 + 10% 多抗霉素 1 000 倍液。待药液干燥后进行套袋，一般当天喷药的果当天套袋。严禁早晨露水未干和雨水未干时套袋。

5. 套袋的方法

初夏5月中下旬套袋，6月上旬套袋结束。桃果套袋前先把纸袋吹开或撑开，把果实套入袋中央，然后将袋口横向折叠，用边上的细铁丝将袋口收紧，固定在果柄着生的枝条上。以上果袋要求底部漏水孔朝下，以免雨水注入袋内漏不出去而沤坏果实或引起袋内霉变。套袋时，要一手拿袋、一手伸进袋内，将其撑开，把中间的口对着桃柄轻轻套上，将果实套进袋内，然后从中间纵折起来，用袋角的铁丝把袋口扣紧即可。

6. 解袋的时间

一般在果实采收前8~10天解袋，在果实成熟前对树冠受光部位好的果实先进行解袋观察，当果袋内果实开始由绿转白时，就是解袋最佳时期，先解上部外围果，后解下部内膛果。解袋分两次进行，第一次将袋口解开，让果实逐渐适应外部气候和环境；第二次，果实采收前2~3天将果袋解除。

六、桃树的肥水管理

1. 花前追肥

4月份，以氮肥为主，配合钾肥。对结果成年园可亩施尿素30~50 kg，或复合肥50 kg。弱树可稍多些，旺树可少些，以满足桃树开花、抽梢的需肥量。进入5月，气温升高，幼苗开始旺盛生长，此时应追肥、浇水，促进苗木快速生长，以利提高达到适宜的嫁接粗度。一般每亩追尿素15 kg左右。

2. 夏季追肥

初夏6月上旬，进行年中第二次追肥。早熟品种最好提前到5月中旬进行，中晚熟品种以6月份的硬核期追肥为好。此次追肥对促进叶芽、花芽的发育有良好的作用，有利于果实的生长与花芽分化。追肥量以亩产1 000 kg的桃园计，追施果树复合肥50~70 kg，或尿素20 kg，过磷酸钙20 kg，硫酸钾5~10 kg，也可以追施碳铵100~150 kg。

3．肥水促苗

嫁接芽萌发后，及时亩追尿素和磷铵 30 kg，并结合浇一次水。7月份，大雨之后要及时排涝。

4．叶面喷肥

秋季 9 月份，为维持较好的叶功能，每隔 10～15 天，可喷布 1次 0.4% 尿素 + 50 mg/kg 赤霉素。

5．秋施基肥

早、中熟品种采收后，可于 9 月间施基肥，有利根系的生长和树势的恢复。基肥的施用方法，一般是环状形开沟施肥和辐射状开沟施肥。沟深 15～30 cm 不等。基肥的施用量，视树形而加减幅度。一般亩产 1 000～1 500 kg 的结果园，土粪不少于 1 500～2 000 kg，过磷酸钙 50 kg 左右。结果多，树势弱的树，可加 5～10 kg 尿素。

6．浇封冻水

11～12 月，浇封冻水，小雪前苗圃地普灌一遍封冻水，可防止苗茎抽干。

七、桃树的花期授粉

桃树授粉的目的是，提高坐果率、提高桃果的品质，增强桃果市场竞争力，增加果农收入。

1．授粉品种的选择

桃树授粉品种的选择，一般以大久保桃树为主，因为大久保桃树花期早、花粉量大、亲和力强，人工授粉后效果最好。

2．优良花粉的制取

授粉前 2～3 天是制取花粉的最佳时机。其方法是在桃树园里选择生长健壮的大久保桃树，摘取含苞待放的花蕾，及时用手揉搓，使花药脱离雄蕊，然后用细筛筛一遍，除去花瓣等杂质。将花药薄薄地铺在报纸上，置于室内阴干，室内要求干燥、通风、无尘，温度控制在 20～25 ℃（温度过低，花药不易开裂，散粉速度慢；温度过高，影响花粉的生命力）。注意，切不可将花药在阳光下暴晒或烘烤。24小时后将阴干开裂的花药过细箩，除去杂质即可得到金黄色的花粉。

将花粉装入棕色玻璃瓶中，放在 0 ℃以下的冰箱内储存备用。

3．人工授粉的方法

（1）人工点授。首先准备 5 cm 长的自行车气门芯一根，一端套在火柴棒上，一端往回翻卷 0.5 cm，其点授授粉器即制作完成。选择晴朗无风的天气，在上午 9 时至下午 3 时进行点授授粉。用点授授粉器气门芯一端蘸取花粉，点授到新开的花的柱头上，每蘸一次花粉可授粉 3 ~ 4 朵花。新开的花花瓣新鲜，柱头上有黏液，此时授粉容易受精，授粉效果较好。花粉要随用随取，不用时放回原处。授粉量要看树的大小、树势强弱、技术管理水平等因素来确定，一般需要授粉 3 ~ 4 次。

（2）人工抖动授粉。人工撒粉将花粉与干净无杂质的滑石粉或细干淀粉按 1∶16 的比例充分混合均匀装入纱布袋中，将纱布袋固定在长竹竿的顶端，然后在盛花期的树冠上抖动，使花粉飞落在柱头上，从而可提高坐果率。

八、桃树的主要病虫害发生与防治

桃树果园病虫害防治工作是桃树丰产丰收的重要管理技术之一。要本着"预防为主，防治结合"的原则，生产无公害、绿色果品；不用剧毒药品，用高效、低毒、无残留、无污染药品，发芽前喷波美 5 度石硫合剂，能杀死大部分虫卵。现将桃树主要病虫害的发生与防治技术介绍如下。

1．桃蚜虫的发生与防治

（1）桃蚜虫的发生。主要在桃树叶背、枝梢或嫩梢嫩叶背上发生，吸食汁液为害，危害后枝梢节间变短、弯曲，幼叶向下畸形卷缩，造成减产，并影响第二年桃树果实产量及花芽形成。

（2）桃蚜虫的防治。桃蚜虫一旦大发生 1 ~ 2 遍药很难全杀，最好在卷叶前细致地喷一次。对于已经卷叶的，可用 600 ~ 700 倍阿维·高氟氯加吡虫啉或啶虫脒细致喷洒，尤其是卷叶处一定把药喷布均匀，5 ~ 7 天一次，连续 2 ~ 3 次即可控制。同时，阿维·高氟氯加吡虫啉也可防治食心虫和盲蝽蟓。当蚜虫发生量大时用吡虫啉、灭蚜威或桃小蚜虫净加杀菌剂、水，1：1.5：1 000 喷洒，喷布时一定要对叶子正反，里外、上下喷均。

2. 红蜘蛛的发生与防治

（1）红蜘蛛的发生。红蜘蛛，又名山楂红蜘蛛，危害多种果树。其成虫、若虫、幼虫刺吸叶芽、果实的汁液，叶受害初呈现很多失绿小斑点，渐扩大连片。严重时全叶苍白枯焦、造成早期落叶，常造成二次发芽开花，削弱树势，不仅当年果实不能成熟，还影响花芽形成和下年的产量。

（2）红蜘蛛的防治。红蜘蛛一般在 5 月上中旬大发生，在发生前，可用阿维达、阿螨达、哒螨灵，均可以加水 1 800～2 000 倍喷洒，效果很好。

3. 桃小食心虫的发生与防治

（1）桃小食心虫的发生。桃小食心虫，又名桃蛀果蛾，是桃树等多种果树主要害虫。成虫体灰白或灰褐色，雌虫体长 5～8 mm，翅展 16～18 mm，雄虫略小。1 年 1 代。以老熟幼虫结茧在堆果场和果园土壤中过冬。过冬幼虫在茧内休眠半年多，到第 2 年 6 月中旬开始咬破茧壳陆续出土。幼虫出土后就在地面爬行，寻找树干、石块、土块、草根等缝隙处结夏茧化蛹。蛹经过 15 天左右羽化为成虫。一般 6 月中下旬陆续羽化，7 月中旬为羽化盛期至 8 月中旬结束。成虫产卵对湿度要求高，高湿条件产卵多，低湿产卵少，有时会相差数十倍，干旱年份发生轻。

（2）桃小食心虫的防治。地面防治，在冬季结冰前后，及时对树下的土壤进行深翻，可冻死部分在土壤内越冬的幼虫。树上防治，在防治适期或幼虫初孵期，可喷施 20% 杀灭菊酯乳油 2 000 倍液，10% 氯氰菊酯乳油 1 500 倍液、2.5% 溴氰菊酯乳油 2 000～3 000 倍液，对卵和初孵幼虫有强烈的触杀作用，7～10 天后再喷一次，可取得良好的防治效果。

4. 桃细菌性穿孔病的发生与防治

（1）桃细菌性穿孔病的发生。病原细菌在病枝组织内越冬。翌年春天气温上升时，潜伏的细菌开始活动，并释放出大量细菌，借风雨、露滴、雾珠及昆虫传播，经叶片的气孔、枝条的芽痕和果实的皮孔侵入。叶片一般于 5 月间发病，夏季干旱时病势进展缓慢，至秋季，雨季又发生后期侵染。在降雨频繁、多雾和温暖阴湿的天气下，病害严重；干旱少雨时则发病轻。树势弱，排水、通风不良的桃园发病重。虫害严重时，如红蜘蛛为害猖獗时，病菌从伤口侵入，发病严重。

（2）桃细菌性穿孔病的防治。2 月下旬至 3 月上旬，发芽前喷波美 5 度石硫合剂，或 1：1：100 倍波尔多液铲除越冬菌源。发芽后喷 72% 农用硫酸链霉素可湿性粉剂 3 000 倍液。幼果期喷代森锌 600 倍液，或农用硫酸链霉素 4 000 倍液或硫酸锌石灰液（硫酸锌 0.5 kg、消石灰 2 kg、水 120 kg）。6 月下旬至 7 月初喷第 1 遍，15 ~ 20 天后再喷布 1 次，连续喷 2 ~ 3 次即可。

九、桃树果实的采收与贮藏

采用科学的采收与贮藏技术，可使桃果实商品完整化、规格化、美观化，且保持其优良性状，提高果实市场占有率和经济价值。同时，也是保证桃树丰产丰收，并取得明显经济效益的重要措施。

1. 桃树果实的采收

桃树果实的采收，要根据桃果成熟期的早晚确定，同时考虑其果实用途。鲜食品种和短途销售用果应在果实硬熟期，即果实绿色减退，渐转淡绿色，不再增大，果皮不易剥，肉质尚硬即可采收。对于制罐的黄桃可在果实完熟期，即果实由淡绿色转乳白色或淡黄色，阳面呈现红色或红斑，果皮易剥，肉质开始变软，已具有品种固有风味时采收。

（1）桃树果实采收的分选。桃树全冠果实成熟期迟早不一，树冠的外围、上部果实先熟，采收时应先从外围、上部开始分期分批采摘。采收后先剔除残次受伤的果实，然后选果分选。

（2）桃树果实成熟度的确定。果实的成熟度除可根据各品种的果实生育期确定外，还可根据果面色泽，果实硬度、茸毛、香气等与果实成熟度密切相关的因素来确定。

（3）桃树果实采收的方法。目前，鲜食果品仍旧是手工采摘。采摘的顺序是先上后下，由外而内。采收过程中要轻拿轻放，防止机械损伤。桃果在树上成熟有先有后，同时采收会使果实整体品质差异过大，为提高优质果率，应分次精心采收。一般品种分 2~3 次采摘，少数品种可采摘 4~5 次。将采下的桃果立即装入周转箱，运往分级包装场地。

2. 桃树果实的贮藏

（1）桃树果实的采后预冷。果实采收后要求在 2~3 小时内，最迟在 24 小时内冷却到果实生理活性显著减弱的程度，以利延缓果实的后熟过程。需要进行贮藏的果品，预冷能够使其温度尽早地达到贮藏的最适宜温度，以利于及早地运用塑料薄膜包装并进行气调贮藏而不结露，采收后来不及运走的果实放在阴凉处，有条件的可直接用干净冷水预冷晾干；也可在树荫下放一夜，第二天清晨入库；利用山洞、地窖及晚间凉风，加风机通风冷却。

（2）桃树果实的浸果。为了达到保鲜杀菌防病的目的，在包装、入贮前对果实进行杀菌处理，可显著地减少腐烂。杀菌剂浸果：用 100~200 mg/kg 的苯莱特和 440~930 mg/kg 的二氯硝基苯胺混合药液浸果，配药的水要干净，浸果后将果面水分蒸发晾干后进行包装，可防治褐腐病和软腐病。

（3）桃树果实的包装。包装对于新鲜的果品来说是非常重要的，它不仅可以使产品在处理、运输、贮藏和销售过程中便于装卸、周转，减少果品相互摩擦、碰撞、挤压等造成的损失，而且还能减少产品的水分蒸发，保持果品的新鲜，提高其耐贮藏能力。在用塑料薄膜压封和小纸箱包装时，要留有通风孔。直接在集市销售时，可用简易纸箱包装，但不宜太大，果实不要超过三层。

（4）桃树果实的气调贮藏方法。气调贮藏方法，是通过调节和控制贮藏环境的气体成分，达到延长果实的贮藏期，获得良好保鲜效果的技术措施。气调库的温度也要预先降至预定温度，或稍低于预定温度，严格控制环境中的气体成分。桃一般情况下要求氧1%～3%，二氧化碳5%，但不同品种、不同地区和不同年份也有差异。同时还与温度等其他贮藏条件有关，如二氧化碳在0℃时3%～5%适宜；在5℃时，二氧化碳应高于5%。果实入库前，要认真检查气调库各项设备的功能是否完好，是否运转正常，及时排除各种故障。

第四章　杏树的丰产栽培技术

　　杏树，高大乔木，原产中国，栽培历史悠久，河南省、河北省、山东省等地都有，范围较广，是林农果农喜爱的落叶果树之一。

　　杏树的适应性强，深根，喜光照，耐旱，抗寒，抗风，对土壤要求不严格。黏土，沙土、沙砾土，山坡、沟旁都可以生长。杏树3月开花，杏花具有三个变色的特点，即含苞待放时为纯红色，花儿开放后颜色逐渐变为淡红色，花儿开败将落时花色变成纯白色；果实5~7月成熟，果实球形或卵圆形，果实颜色为白色、黄色或黄红色，果实光照阳面具有红晕，果肉多汁，酸甜可口，核卵形或椭圆形。杏果实营养丰富，用途广泛，果实多汁，味美，营养丰富，既可鲜食，又可加工制成杏干、杏脯、杏酱、杏汁、杏酒、罐头和杏糕等食品。杏仁是一种高级食品和食品原料，甜杏仁具有滋养，镇咳之功效；杏树是既能赏花又能采果的果树，因此杏树在当前果树生产和城市环境美化上都占有重要地位，很受人们的喜爱。

一、杏树的主要优良品种

1. 香白杏树品种

　　该品种在河南省豫南地区6月上旬成熟，果实近圆形略扁，果面白色，阳面有红晕，肉质细腻，纤维少，汁多味甜，香气浓郁，品质极上；果肉与果核分离，果仁可生食；果实大，一般横径5 cm，纵径4.5 cm，单果重85 g，最大可达160 g以上，栽培上应配植授粉树（以金太阳、串枝红为宜）。

2. 凯特杏树品种

　　果实椭圆形，果面橙黄色，平均单果重105 g，最大可达150 g。果实酸甜可口、芳香浓郁、品质上等。凯特杏果实核小，离核，该品种极丰产，定植第四年最高株产可达37.5 kg。它抗盐碱、耐低温，自花结实。

3. 金太阳杏树品种

该品种果实呈圆形，果顶平，缝合线浅不明显，两侧对称，果面光亮，底色金黄色，果实阳面带红晕，外观美丽，果肉橙黄色。平均单果重66.5 g，最大90 g，肉质鲜嫩，汁液较多，有香气。味甜微酸，可食率95%，离核。甜酸爽口，5月下旬成熟，花期耐低温，极丰产。同时，该品种还可以作为绿化树种。

4. 红丰杏树品种

该品种3月开花，成熟期为5月10～15日，果实近圆形，果面光洁，果实底色橙黄色，外观为鲜红色；平均单果重68.5 g，最大果重90 g，肉质细嫩，纤维少，可溶性固形物含量16%以上，汁液中多，有浓香气味，纯甜，半离核。具有抗旱、抗寒，耐瘠薄，耐盐碱力强，稳产、适应性强，种植简单，效益高。

二、杏树的优良品种苗木培育

杏树的优良品种苗木，主要通过嫁接繁育而成，需要嫁接的砧木是用山桃和山杏种子培育的苗木。

1. 砧木种子的选择

杏树主要用山杏或山桃作砧木，但是，山桃作砧木表现不如山杏好，因为山桃品种没有山杏品种的寿命长，嫁接繁育品种杏树尽量使用山杏作为砧木苗木。

2. 砧木种子的采收

初夏6月份，山杏果实呈橙黄色时，即可选择无病、健壮的植株，采下果实，去除果肉取其种子或发酵后洗净取出种子，晾干后，入袋存放备用。根据育苗量的多少采收种子。一般山杏果实的出种率为15%～30%，每千克种子800～1 500粒，发芽率为80%左右，每亩播种量为15～30 kg。

3. 砧木种子的贮藏

山杏、山桃种子必须通过后熟期才能出苗，所以山杏、山桃的种子均需在沙里贮藏70～80天，第2年才能下地育苗。11～12月（大雪节气后）沙藏。先将种子浸湿，与 3～5 倍的湿沙混合，入贮藏沟或木箱、果筐内沙藏，保持湿度，温度控制在 0～5 ℃，并经常检查。干时加水混拌后重新放置。贮藏沟的四周筑埝，严防冬季雨雪水流入，导致水分过多而沤烂种子。

4. 良种种条的保存

为了保证第二年嫁接品种苗木的芽子质量和出芽率，一定要在上一年的冬季修枝修剪时，把剪掉的良种枝条进行保存，一般用沙子冬季沟藏。1～2 月冬藏期间，沙子过干时，枝条的芽眼受到损伤；过湿，枝条烂芽。木箱室内贮藏时易失水干燥，应适度加水调节湿度。室外沟藏时，注意防止雨雪水入沟。

5. 种子播种前的催芽

（1）冬藏种子的催芽。将冬藏的种子连同沙子一起，放于向阳的地方，平铺在地上，厚度在 20 cm 左右，淋上温水，上覆一层地膜，四周压实，然后搭一个倾斜状的小塑料棚，利用日光升温催芽。一般 5～7 天，大部分种子露嘴后即可分播，发芽的先播种。少量的种子，可放入木箱或花盆内，放在烧火的炕上，保持在 20 ℃ 催芽。

（2）未冬藏的种子破壳取种催芽。没有来得及进行冬藏处理的种子，可破壳取仁进行催芽，这种方法发芽率较低，少量繁育苗木时可以使用该方法。

6. 砧木种子播种育苗

（1）育苗地的选择和整理

杏树适应性较强，对土壤条件要求不严，苗圃地要选择土层深厚，土壤疏松，肥力一般、排水良好的土地。整地每亩施入 1 500～3 000 kg 农家基肥，同时播种前，要进行深翻土地，精耕细耙，开沟播种。即行距 25～35 cm，株距 12～15 cm 点播。每点放种子 1～2 粒，播后覆土 5～7 cm。为防止地下害虫，可顺沟内施用森得保粉剂或水剂喷布的毒饵。采用宽窄行进行播种，即每两行留一空行，以便于田间管理和嫁接。种子一定要选用上年采集的充分成熟、子粒饱满的种子。

（2）砧木种子苗木的管理。春季 3～4 月出苗后，当幼苗长至

15～25 cm 时，要及时松土锄草，同时，可以追施少量复合肥，每亩 3～5 kg 即可，可加速苗木生长。苗木生长 40 cm 高，选留 3～4 个，其余疏除。砧木苗离地 10 cm 处的分枝全部疏除，以利进行芽接。6～8 月，对达到高度的苗茎，可行剪梢处理，有利苗干的充实与加粗，中部芽腿的分化。当苗木生长高达 30～60 cm 时，可进行摘心打头促进苗木加粗生长。6 月下旬，苗木根径达 0.5～1 cm 烟卷粗细时，即可进行嫁接。

7. 杏树良种嫁接

（1）嫁接方法。杏树品种苗木春季嫁接是对 0.7 cm 粗度的砧木苗木或 2 年生以上的砧木苗木进行的嫁接。嫁接的时间，在 3 月上旬，即一般在砧木苗木芽萌动前或开始萌动而未展叶时进行，过早则伤口愈合慢且易遭不良气候或病虫损害，过晚则易引起树势衰弱，甚至到冬季死亡。实践证明，春季嫁接在萌芽前 10 天到萌芽期为最佳，在气温较高、晴朗的天气嫁接成活较高，若是用贮藏的接穗，可嫁接到 4 月中旬以后。嫁接方法，即嫁接的接穗采自结果的优良母树，采下后去叶留柄，剪除基部瘦芽段和先端未充实的部分。最好随采随用，外地调进的接穗需保湿运输。调进后可临时贮放，少量接穗可吊挂在深井的水面之上，数量较多时，需放背阴处，充填湿沙覆盖贮藏。芽接的操作方法是：左手持接穗，右手持嫁接刀，自芽下 1.5 cm 处由浅及深，削至芽上 1 cm 处，深度达枝条的 1/3～1/4。在芽上 1 cm 处横刻一刀，一次可将一根条的芽削好待取。在砧木光滑处，距地面 5～10 cm，横割一刀，然后在横口的中央纵刻一刀呈 "T" 字形，深及木质部。用左手拇指、食指取下削好的接芽，右手挑起砧木纵切口的树皮，自上而下插入接芽，接芽的芽上切口与砧木横切口对齐。速度要快，不要弄脏芽片。然后用塑料条或绳先自芽体上方自上而下绕绑数道，芽体基部要绑紧，叶柄外露，以利检查成活。半月后，凡接芽叶柄一触脱落者，证明已接活，叶柄干枯不落，则接芽没有成活，要继续补接。成活后解绑的时间一般在 25～30 天。

（2）春接管理。5 月份以后，一般是在接后 25～30 天，新梢长到 20～25 cm 时，解绑比较合适。当苗木新梢长到 20～30 cm 时，需要设立支柱或支架，防止大风吹折劈接芽新梢。6 月上中旬，赶在雨季来临之前，及时对苗圃地普锄一遍，晒墒。疏松土壤，除杂草。除萌芽。3 月下旬嫁接后砧木萌发的芽子要及时去掉。未接活的砧蘗可保留一个生长，以后加粗后进行芽接。接活的接芽萌发后，复芽接穗只留 1 个芽生长，其余除掉。4 月中旬，对双株苗可拔掉，分栽到缺株苗的地方。分栽最好在 4 片真叶之前进行，一定要带土移栽，并立即浇水保障成活率，当苗木生长到高 0.6～1 m，苗木地径生长达到 0.7～1 cm 即可进行补嫁接苗木。

（3）肥水管理。在 5～7 月，当年的小苗，在高温干旱的天气下，要及时对每亩施入尿素 3～5 kg，随后及时浇水。二年嫁接苗，亩追尿素 15～20 kg 或复合肥 20～40 kg，也要及时浇水漫灌，促进苗木快速生长。8～9 月，此期是高温、多雨季节，苗木进入速生阶段，成品苗要达到一定高度和粗度，必须根据情况进行追肥管理。瘠薄地苗木生长弱，前期追肥而无水浇不能发挥作用，可充分利用汛期有利时机，每亩追标准氮肥 20～25 kg。土质肥沃，苗木生长旺盛的，可酌情少追或不追，避免苗木过度生长。

8. 培育的优质苗木出圃

（1）苗木出圃。11～12 月，当苗木落叶之后即可出圃栽植。出圃时应离干稍远些挖苗，深挖、宽刨，防止刨裂根段，避免枝干、芽体受伤。出圃后分级，消毒，然后栽植、假植或外运。消毒的方法：将根部、苗茎喷波美 5 度石硫合剂，喷量要大，或用 1∶100 倍波尔多液浸苗 20 分钟，然后用清水冲洗掉根部的药剂。

（2）苗木假植。苗木要求随出圃随栽植，不能马上栽植而又要出圃的苗子，应在背风、干燥、不积水的地方，开深 1～1.5 m，长度视苗木多少而定的贮放沟，以南北向较好。分清品种，成 45°斜放。放一行苗，堆一层土，埋土至根颈部，再放下一行。适当浇水密合根部土壤。封冻后加厚土层，以埋至苗木的整形带处为宜。

三、杏树的栽植建园

建立杏树果园，必须有一个统筹的安排和技术要求，切不能盲目地栽植杏树或引种建立果园，因为杏树开花早，易受倒春寒的影响，使果园产量绝收，因此，一定要科学建立杏树果园。

1. 杏树建园选址

建立果园时，一定做好防止早春寒流侵袭和花期霜冻。一般选择背风向阳的斜坡上部，要避免在盆地，密闭的槽形谷地、山沟的底部，寒风口等处建杏园。

2. 杏树品种选择

选择的品种一定要为适应当地丰产丰收的优良品种，选用加工、生食兼用的品种，考虑较耐贮运的品种。早、中、晚熟种要按一定的比例搭配，有利劳力的安排和市场的调节。一个园地内，不能单植一个品种，同时还要配置授粉品种，授粉品种占1/8左右即可。但也不可栽植品种太多，一个30亩或50亩的杏树园内，以不超过3个品种为佳。

3. 合理密植挖穴

杏树，树冠高大，是喜光果树。光照不足易产生枝条徒长，果实着色差，病虫多，退化花增加等弊病。因此，栽植密度要合理。杏园的株行距采用3 m×5 m，即每亩栽植45株。杏树的栽植时间，春栽优于冬前栽植。在年前挖好栽植穴的基础上，随起苗随栽植，尽量减少苗木搬运途中的时间，以提高成活率。四旁隙地的零星栽植，最宜用高1.5 m以上的大苗。挖深1 m，宽、长1.5 m的大穴。有条件的地方，用圃内培育几年的大苗，带土栽植最易成活。不要栽植过深，浇水下沉后，苗木栽植到苗木在苗圃中的地径土印与栽植穴地面相平或稍深2~3 cm为好。水渗后封穴保墒即可。

4. 注意防霜保花

春季3~4月，杏树的花期较早，往往遭受早春霜冻的危害。受冻的花芽外形变为褐色或黑色，鳞片松散，不能萌发，或者虽能萌动开花，但其性器官已受霜害，不能坐果。杏树花蕾期的有害低温为−1.1~−5 ℃，花瓣开放期的有害低温为−1.0~−3 ℃。花器受冻后，呈水渍状，花瓣变色脱落。预防的措施首先是避免在易发霜冻的谷地建园；杏园的四周栽植防风林带，改善小区气候条件。当气象预报霜冻来临时，在果园内设置烟雾堆。烟堆的材料是用易燃的秫秸、干草和潮湿的落叶、杂草等交互堆起，用泥抹覆盖，留出点火及出烟口。当气温降到 2 ℃时，即点火发烟，形成烟雾保护果园。用青鲜素 500～2 000 mg/kg 在花芽膨大期喷布、早春全树喷布 1% 的石灰水等，可推迟花期 4～7 天，以避开晚霜为害。发芽前灌水，有改善小区气候的效果，也可推迟开花时期 3～5 天，保护花芽促进结果。

5. 果园冬季管理

一是冬季耕园。11 月下旬以后，耕翻果园，将土中越冬的害虫翻于表层，易于消灭。冬耕的深度一般为树干基部 10～15 cm，梢部 20～30 cm。冬耕有利根的更新，但要注意保护粗根，避免断裂和裸露地上。二是清理果园。11 月以后，园内的落叶、干果、园四周的杂草，树干上诱虫用的草绑、树上的吊枝绳等，都要清出果园，焚烧。树上的枯枝、病虫害枝结合修剪一起清理销毁，可以大大降低来年的病虫害危害，保护杏树健壮生长，促进杏树丰收丰产。

四、杏树的整形与修剪

杏树的整形与修剪，目的是为了平衡树势，使杏树既生长健壮，又果实累累。修剪时，要选择天气晴朗、风和日丽的日子进行。多年实践证明，不进行修枝修剪的杏树产量低，树枝密，内膛枝易枯死，病虫危害较重，同时管理也不方便。整形与修剪后的杏树，结果显著、产量提高，叶色浓绿，树势也可复壮，其生殖生长两不误，有利于杏树丰产丰收。

1. 杏树生长结果特性

杏树是核果类寿命最长（一般为 40～100 年）的果树。杏的花芽是纯花芽，结果枝的节上有叶芽也有花芽。叶腋单芽为花芽时，开花后，该处即光秃。花束状果枝长度仅在 2～3 cm，只是顶芽是叶芽，每年靠顶芽向前延伸，但由于节间短，生长长度不大，结果部位外移不如桃树。幼树，长、中果枝比例大，随树龄增加，以花束状结果枝为主。杏树的萌芽力较弱，成枝力一般，枝条加粗生长明显，极性强，而枝子的尖削度小，结果后往往大枝弯曲、下垂。杏树隐芽寿命长，因而更新较易，知道了杏树的特性，在修剪整形的时候，就会知道修剪的目的。

2. 杏树的整形与修剪

根据杏树的生长特性，其树形以采用多主枝圆头形较好。有些品种干性强的，也可采用疏层形整枝。自然圆头形整枝一般干高 70~90 cm，1~2 年内从树干上选出 5~6 个主枝。每个主枝上每隔 30~50 cm 留 1 侧枝，共留 2~3 个侧枝。侧枝开张角度大于主枝 10°~25°，主枝以 25°~30°的角向上生长。侧枝上分生小枝。各主、侧枝生长要保持均衡，稀密适度。成形后，树冠上部有 40~50 cm 的叶幕间距，中下部以 35~40 cm 为宜，防止枝枝重叠，不透风光、减少结果量的发生。

3. 杏树幼树期的修剪

幼树修剪要轻。延长枝一般留 40~60 cm 短截，约去原枝长的 1/3。带二次枝的枝条，一般在二次枝中部剪截。延长枝下部的较强枝，留 1/3 重短截。中庸枝及 20 cm 以下的枝实行缓放。杏树的长枝较少，尽量用重截，或压平弯曲等方法控制予以保留，减少疏枝。多留枝量，加速成形和提早结果。

4. 杏树盛果期的修剪

杏树进入盛果期后，结果量渐多，延长枝短截程度可略重。新形成的叶丛枝、花束枝、中短果枝可不剪截，长果枝可依生长势的强弱，剪留 15~20 cm。枝条过密处，可回缩缓放枝，改善光照条件，促进提早结果。杏树进入盛果期后，还要防止大树冠内光秃，可在主枝、侧枝两侧的空间处，培养永久性枝组，枝组的培育主要是利用发育枝短截或缓放回缩。短截培养时，发育枝留 20~25 cm 短截，下年选一强带头枝，留 15 cm 左右短截。其余长分枝在饱满叶芽处短截，弱分枝缓放结果。

5. 杏树衰老期的修剪

杏树进入衰老期后，要进行较强度的修剪，抬高骨干枝的角度，回缩冗长枝，选择背上枝和侧上旺枝培育接班枝，更新骨干枝。减少梢部结果，维持树势，延长结果年限。

五、杏树的肥水管理

杏树的丰产丰收必须有大肥大水供应，所以要适时施肥浇水，科学管理，才能有良好的效果和收益。

1. 深翻树盘

在 2 月下旬，土壤化冻后，立即进行全园翻刨。年前没有施入基肥的园地，翻刨前先撒施基肥，翻刨掩埋。3 月中、下旬，追施速效氮肥。用量为结果 100 kg 树，可以追施尿素 0.7 kg 或碳酸氢铵 1.5 kg，并施肥后立即浇水。

2. 保花保果

杏树生产期，4 月份，重点是提高花期营养。杏树的有些品种或老龄树、弱树，由于营养状况不良，有些花芽的器官发育不全，雌蕊短或退化，不能授粉；花期营养不良，授粉不能顺利进行。栽培上除加强肥水措施，维持健壮的树势外，花期喷布 0.3% 硼砂 +0.2% 尿素 1~3 次，可提高坐果率。

3. 浇水施肥

杏树生产期，5~6 月，北方干旱严重，结合追肥浇水 1~2 次。新栽树保证浇水 1 次，是提高新植树成活率的关键。

4. 加强管理

杏树生产期，7~8 月，杏果采收之后，加强管理，恢复树势，为花芽分化积累营养。追施采果肥，仍以氮肥为主，100 kg 结果树株施碳酸氢铵 1 kg 或磷铵 0.5 kg。中耕除草，疏松土壤。果树株间套作花生、红薯等矮秆作物，有利树下的土壤管理。伏旱、秋旱严重，会导致大量落叶，应适时浇水。大雨之后及时排水防止园地积水。

六、杏树的主要病虫害发生与防治

杏树生长期主要病虫害为，果实害虫是杏仁蜂，叶片害虫有蚜虫、卷叶虫、螨类、蚧类等；病害有褐腐病，杏瘤病等。要及时开展防治，防治不力往往造成大发生，致使叶果受害，严重时引起大量幼果脱落，所以应引起高度重视，只有有效防治病虫害，才能保持杏树枝繁叶茂、果实累累。

1. 杏瘤病的发生与防治

（1）杏瘤病的发生。杏树生产期，3～4月，杏瘤病害发生于新梢、叶片、花和果实上。一般在落花后新梢生长10～15 cm时病状开始显现。受害嫩梢伸长迟缓，初期呈暗红色，后期变为黄绿色，最后呈黄褐色并且微突起小点，病梢易干枯，其枝梢结的果实滞育并呈干缩、脱落或悬在枝上等。

（2）杏瘤病的防治。杏瘤病其防治方法是：当枝梢、叶片初显病症时，及时人工剪除枝梢和叶片，并集中烧毁或深埋，如此连续2～3次清理，以后连年也要清理，同时，如果有落果的，还要捡拾树下的落果深埋烧毁，这样可基本控制杏瘤病的发生。

2. 杏实象的发生与防治

（1）杏实象的发生。杏实象又名杏果象虫，4～6月成虫食害嫩芽和花蕾，落花后产卵，危害果实。成虫蛀食幼果后，使果面上蛀孔累累并流胶，轻者使品质降低，重者引起落果。幼虫在果内蛀食，使果实干腐脱落。成虫在幼果上产卵，造成大量落果。1年发生1代，主要以成虫在土中越冬，次年春季桃树发芽时开始出土上树为害，以4月初幼果期，成虫盛发后为害最严重，落果最多。成虫怕阳光，常栖息在花、叶、果比较茂密的地方，有假死性，受惊后即坠落地面或在下落途中飞逃。成虫主要为害幼果，以头管伸入果内，食害果肉。

（2）杏实象的防治。3月下旬至4月上旬，杏树开花期可以人工捕捉成虫；同时及时不断地拾落果并及时毁灭；幼虫产卵期，可以喷布2 500倍溴氰菊酯或杀灭菊酯，在5月份幼虫发生期可以喷布2 500倍液的溴氰菊酯或杀灭菊酯，效果良好。

七、杏树的花期授粉

杏树的花自花结实率很低，为提高坐果率，除在杏树果园里配植一定比例的授粉树外，更重要的是开展人工辅助授粉，这样可以提高杏树坐果率85%以上。杏树人工授粉技术如下。

1. 花粉采集

在人工授粉前 2 ~ 4 天，从选好的授粉亲合力高的品种上采集含苞待放、发育正常的花蕾，或剪取授粉树花枝插入水瓶中水培。把采到的花蕾在室内用镊子剥开花瓣，取出花药，摊放在光洁的纸上，置于室温 20 ~ 25 ℃，湿度在 30% ~ 70% 的地方阴干。当花药开裂后即可散放出花粉；水培花枝待花药成熟时，轻轻拍打花枝，使花粉散落在纸上。收集花粉筛去杂物，贮于瓶中，放在通风干燥处备用。采蕾数量或采集花枝量可根据授粉花朵数、花粉量或品种而定。因杏树花粉量较少，一般一个花蕾可授粉三朵花。

2. 授粉时期

在杏树全株有 25% 左右的花开放时，花朵柱头色泽鲜亮，且有大量黏液时开始授粉。时间一般在花开当天的上午，无水珠，柱头新鲜湿润时授粉最佳，坐果率也较高。

3. 授粉方法

（1）人工点授法。在收集的花粉中加入 3 ~ 5 倍的滑石粉或淀粉，充分混匀后用毛笔或软橡皮头蘸少量花粉在柱头上轻轻一抹即可。每蘸一次花粉可点授 10 ~ 25 朵花。重点对花量少的植株和早开的花、晚开的花进行全面点授，以提高坐果率，保证产量。

（2）人工喷雾法。取采集好的干花粉 10 ~ 12 g，加水 5 kg，白砂糖 250 g 混合搅拌配成悬浮液备用。喷前再加入 5 g 硼酸，充分混匀后立即用手持喷雾器喷洒。在全株有 60% 的花开放时喷 1 ~ 2 次。要求全株均匀喷洒，不要漏喷，也不要多次重喷，以便充分利用花粉。

八、杏树增产丰收的途径

杏树，因为人为或自然因子的影响，在生产中会出现大小年或减产、绝收现象。甚至致使相当一部分进入结果期或盛果期的杏树年年开花，见果或不见果，影响杏树生产效益。

1. 合理配置授粉树

建园时一定要做好授粉树的配置。选择授粉树时，要充分考虑以下条件：授粉树与主栽品种花期一致，花量多、花粉质量好；与主栽品种能相互授粉结果良好；与主栽品种同时进入盛果期，经济结果寿命长短相近，且果实也具较高的经济价值，并与主栽品种管理条件相似，成熟期相近。杏树授粉树的配置要便于传粉和管理，配置数量可占18%~45%。如果授粉品种与主栽品种有同样经济价值又能互相授粉可多栽，否则应适当少栽。授粉树与主栽品种可隔行栽植，小型杏园可采用"中心式"授粉树配置方式。

2. 加强肥水管理

杏树虽然耐瘠薄的土壤，但对肥料的反应非常敏感。在肥水充足的条件下，可以增强树势，减少花的退化数量，从而提高坐果率。杏树施基肥应在9~10月为好，此时，气温高，雨水多，商情好，施入土地年内的肥料以及时分解，被果树吸收利用。施肥以有机肥为主，5年生以上的盛果期杏树每株施入50 kg优质农家肥混入1 kg氮、磷、钾复合肥，初果期树减半施入。基肥对提高花芽质量、促进次年春季生长和提高坐果率有明显作用。追肥要在杏树发芽前、幼果生长期分别进行，盛果期、初果期树每株每次分别追施高效复合肥1~2 kg和0.5~1 kg。6月上旬至7月下旬每隔10~15天叶面喷施1次磷酸二氢钾肥，对提高果品质量和次年花芽质量非常好。浇水可结合施肥进行。在干旱年份，开花前后灌水可显著提高坐果率。有灌溉条件的地区应在10下旬，即落叶后灌一次水，以利于杏树越冬和次年结果。

九、杏树果实的采收与贮藏

1. 杏树果实的采收

5~6月，需要远地销售的杏果，可提前采收，七八成熟的果实可以采收。用于贮藏的杏果应在果实达到品种固有的大小、果面由绿色转为黄色、向阳面呈现品种固有色泽，果肉仍坚硬，营养物质已积累充分，略带品种风味，大致八成熟时采收。产地贮藏或远销的果实在此时采收，有足够的时间进行包装处理。由于杏果的成熟期与麦收同期，为节省劳力，可以用化学药剂辅助采收。

2. 杏树果实的贮藏保鲜

（1）冰窖贮藏。将杏果用果箱或筐包装，放入冰窖内，窖底及四周开出冰槽，底层留 0.3～0.6 m 的冰垫底，箱或筐依次堆码，间距 6～10 cm；空隙填充碎冰，码 6～7 层后，上面盖 0.6～1 m 的冰块，表面覆以稻草，严封窖门。贮藏期要定期抽查，发现变质果要及时处理。

（2）低温气调贮藏。由于气调贮藏的杏果需要适当早采，采后用 0.1% 的高锰酸钾溶液浸泡 10 分钟，取出晾干，这样既有消毒、降温作用，还可延迟后熟衰变。将晾干后的杏果迅速装筐，预冷 12～24 小时，待果温降到 20 ℃ 以下，再转入贮藏库内堆码。堆码时筐间留有间隙 5 cm 左右，码高 7～8 层，库温控制在 0 ℃ 左右，相对湿度为 85%～90%，配以 5% 二氧化碳，另加 3% 氧气的气体成分。这样贮藏后的杏果出售前应逐步升温回暖，在 18～24 ℃ 下进行后熟，有利于表现出良好的风味。但这种贮藏条件对低温敏感的品种不宜采用。

第五章 李树的丰产栽培技术

李树，又名玉皇李、山李子，河南省南部地区称灰子，蔷薇科，李属。其小枝无毛，红褐色，具光泽。花为白色，常3朵簇生；果卵球形，直径4~7 cm，黄绿色至紫色，外被蜡粉。花期3~4月，果期7月。初春白花繁密，入夏果实累累，既可观花，又可观果，极富有观赏价值，是落叶小乔木果树。

李树为温带树种，适应性强，生长快，寿命可达40年以上；它对土壤要求不严，管理比较粗放，花芽容易形成、结果早、比较丰产。一般的山坡、沟旁、地边、地堰均可栽植。李树虽然适应性较强，耐寒又耐热，但花期易受晚霜的为害，开花期遇到多雨或多雾的天气，则妨碍授粉，影响坐果。根据李树的花有退化现象和自授粉坐果低的特点，栽植时，应配备授粉品种。

一、李树的主要优良品种

李的栽培品种很多，各地都有当地的主要品种，如辽宁省盖县的大李子；新疆的奎冠李；北京的大红李、小核李；山东沂源帅李，济南红肉李；曲阜的大灰李等。大众喜爱的主要优良品种介绍如下。

1. 黑宝石李品种

该品种果实扁圆形，平均单果重72.2 g，最大果重127 g。果面紫黑色、果肉乳白色，硬而细嫩，汁液较多，味甜爽口，品质好。肉厚核小，可食率97%。8月中旬成熟。该品种果实耐贮运。适宜山区平原种植。

2. 玫瑰皇后李品种

该品种果实大型，扁圆，平均单果重86.3 g，最大果重151.3 g。果面紫红色，果点大而稀，果肉琥珀色，肉质细嫩，汁液丰富，味甜可口，品质上等。耐贮运，丰产性好，宜配植黑宝石作授粉树，7月中旬成熟。

3. 紫琥珀李品种

该品种果实扁圆形，单果重 100～150 g。完全成熟时果皮紫黑色、果肉淡黄色，质地较致密，肉质硬韧，风味甜香，品质上。果肉可食率97％以上。需配植澳得罗达作授粉树，6月中下旬成熟。

4. 大石早生李品种

该品种果实圆形，果顶较圆，果皮较厚，底色黄绿，果面鲜红色、果肉黄绿色，质细，味甜酸，多汁。果实6月中旬成熟。

5. 苹果李品种

苹果李果树，乔木，一般3月中旬开花，花白色，果实7月上旬成熟，平均单果重80 g，最大果重120 g，果皮紫红色，肉黄，质细，味甜酸，微香，果实似苹果形。抗病虫危害、耐干旱能力强，适宜浅山丘陵种植建园。

6. 平顶香李品种

平顶香李果树，乔木，3月上、中旬开花，6月下旬至7月上旬果实成熟，果偏圆，果皮红黄色，平均果重55～60 g，肉黄色，核小似枣核，香气浓郁，味甜酸，适宜浅山丘陵种植。

二、李树的优良品种苗木培育

李树优良品种是通过嫁接繁殖的。嫁接主要用桃、梅、杏、樱桃等野生种子作砧木。利用砧木嫁接成活后第二年3月份栽植即可。其技术方法如下。

1. 采收种子

野生樱桃是李树的良好砧木，并且是具有矮化作用的砧木，嫁接的李树结果早、树冠和树干矮化，便于管理效益好。5月采收成熟的樱桃，碎肉取种，立即沙藏，备下种子待用；山杏在6月成熟，鲜果出种率为10％～30％，每千克种子900～2 000粒，亩用量为25～50 kg；山桃在7月成熟，鲜果出种率为25％～35％，每千克种子250～600粒，亩用种量为20～35 kg。采下鲜果沤烂洗净，可装布袋悬挂放干，待12月取下沙藏。

2. 种子贮藏

在 5 月份，樱桃种子采种后可立即沙藏，12 月，山杏、山桃，梅等的种子需要冬藏 60 天左右。在 12 月下旬，大雪前后，取下种子用水浸泡一天一夜，然后用 10 倍的湿沙与种子搅拌，种子量少可装木箱内、花盆内贮放。大量的种子可在高燥处挖 1 m 见方的贮藏沟贮放，樱桃种子也是如此沙藏。贮藏期间，要检查沙子的干湿状况，沙子过干，不利于完成后熟作用；沙子过湿，则种子通气不良。沙子湿度以含水量在 10% ~ 15%，用手握之成团不滴水为宜。贮藏温度保持在 0 ~ 7 ℃，靠增减覆土厚度来调节。2 月，上下翻动种子，以利发芽整齐。

3. 种子播种

初春 3 月，土壤化冻后，取出种子检查发芽状况。种壳不开裂，芽眼不萌动的种子，连同冬藏时的沙子一起，置于向阳处催芽。催芽的方法可用倾斜的塑料棚，也可以直接用地膜包裹置于向阳处，白天太阳晒暖，晚上覆物保温。一星期左右即分裂核的种子，分批点播。未进行冬藏的种子，必须进行破壳处理。可用羊角锤敲破种壳取种仁，浸种后催芽，也可以采用物理破壳法，即在春播前 30 天，用 40 ℃的水浸种 5 分钟，充分搅拌，待水自然降温后，放清水中浸几次，即可有部分裂壳，然后种子摊放在暖床上，温度保持在 18 ~ 25 ℃，种子上覆湿麻袋进行催芽，出芽整齐后下地播种。播种的株行距是，株距 2 ~ 3 cm、行距是 25 ~ 30 cm 进行条播，每亩用种量 25 ~ 30 kg 即可。

4. 苗木定植

苗木生长期，5 月，幼苗已长到 4 片真叶以上，即苗木高 10 ~ 15 cm，可进行间苗、补苗，定苗等苗圃地管理。补苗可于阴天或傍晚进行，带土移栽，缩短缓苗期，栽后立即浇水。

5. 苗木嫁接

劈接法，对培育 2 年生的砧木苗木，3 月中旬末，剪取直径1.5 ~ 2 cm 的二年生枝段，用劈接法嫁接，嫁接后绑严接口。枝接法，3 月下旬，对圃地内的漏接或未接砧木，进行劈接。砧木离皮之后也可以进行皮下接。接后立即绑好，用湿泥封严接口，并用湿润细土培成土堆保护接口和接穗，覆土厚度以超过接穗上芽 3 cm 左右为宜。芽接法。8～9 月，立秋后，即可芽接。一般采用"T"字形芽接法。李树的芽有花芽和叶芽之分，叶芽瘦小些、较尖，花芽较大。千万不要接上花芽。接穗最好现采现用，运来的接穗要放湿沙中保存好，一般应在 3 天之内突击用完。嫁接后 15～20 天后，检查叶柄一触自落者，说明已成活。不成活的进行补接。砧木干旱，不易离皮，应进行浇水。

6. 接后管理

抹芽除萌，为保证嫁接苗梢的旺盛生长，4 月中下旬，砧木上萌发的萌蘖应及时清除，同时喷药保护萌发的接芽新梢。当嫁接苗梢长到 30 cm 时，设立支架，防止风折断新梢。春嫁接苗，解除绑缚物，及时摘心。进入 8～9 月，立秋后，对苗木顶端进行摘心，促使苗茎粗壮，芽眼饱满。

7. 苗木出圃

当嫁接苗木生长 1 m，地径 0.7～1 cm 时，即可出圃。即 11 月落叶后，苗木可以出圃销售，随栽随出圃较好。为了圃地倒茬或远运栽植，在封冻前刨出苗木，进行分级，并标明品种，调运或假植不合格的苗归圃集中再培育。合格苗的标准是：根系完整良好，除具有较完整的 3～4 条侧根外，还要有较多的须根，基干粗壮发育充实，嫁接处以上 10 cm 处粗达 0.7 cm 以上，整形带处芽子饱满，无检疫对象。

三、李树的栽植建园

1. 整地建园

李树适应性强，耐瘠薄，喜光照，在山坡岭地、河滩、沟旁都可以生长。

2. 栽树建园

初春 3 月，选择优良品种，高 1 m，粗壮、无病虫害的苗木种植。一般株行距 2.5 m×3 m 或 3 m×4 m 为宜。李树的栽植，要按 5:1 的比例配备授粉树，要选用砧木一致的苗木，避免因砧木的不同而导致园内树冠的高低悬殊，不利管理。

3. 栽后管理

李树栽植后及时定干，在苗木 70~80 cm 处截干。5~9 月要在干旱天气浇水，在 5 月必须浇上一次足水，以保证成活。同时，松土除草，保持果园内通风透光，减少病虫害的发生，促进幼树快速生长，提早结果。

4. 冬翻清园

新建果园或是老果园，在 11~12 月封冻前，都要全园普遍耕翻一次，深度 20~30 cm，以利疏松土壤、蓄集雨雪，同时将越冬的害虫翻出地面，冻死或被鸟食。结合冬季修剪，清除园内落叶杂草，抽出枯枝病枝，消除诱虫的草把或草绳烧毁，减少来年的病虫害的发生量，从而提高李树的产量和果实品质。

四、李树的整形与修剪

李树的整形与修剪在不同的生长年限，有不同的整形与修剪方法，在生产中要区别对待。常用的几种整形修剪方法如下。

1. 李树的整形

自然开心形。要求主干高 40~50 cm，树高 2.5~3 m。苗木定植的第二年 3 月，在距地面 60~70 cm 高处用短截定干，发枝后在顶端向下 15~20 cm 的整形带内，选 3~4 个生长健壮、向四周延伸的枝条作主枝，其余枝条全部疏除，以免影响主枝的生长。主枝上再用摘心或短截配置侧枝，第一侧枝距主干 60 cm，第二侧枝距第一侧枝30~40 cm，侧枝应是单数一边，双数一边，以免造成两主枝夹角间的相互交叉，扰乱树形。这种树形骨架牢固，树冠大而不空，枝条密而不挤，既不挡风遮光，又不易出现下部光秃，并且生长旺盛，丰产性好，更新容易，但培养树形和修剪技术要求较高。

2. 李树的修剪

（1）幼树期的修剪。从定植至第三年生的幼树期，主要是培养牢固骨架，造就丰产树形，使之早日成树和投产。由于此期生长旺盛，枝条较直立，且易抽生脚枝和徒长枝。需要用撑、拉、背、坠等方法开张够主枝角度和调整好延伸方法，务必使枝条分布均匀，树势平衡，并及时疏除荫蘖、脚枝、徒长枝和背上强旺枝，以缓和树势和减少无效生长。

（2）盛果期的修剪。李树进入 7～25 年生的盛果期，树体已长到应有高度和粗度，树形已定型，产量已达上限，生长和结果矛盾突出。此期主要是维护丰产树形，运用放、疏、截、缩等手段进行调控，合理结果，使生长和结果相对平衡，克服大小年结果，保持中庸偏强树势，防止树势返旺或早衰。

（3）衰老期的修剪。在 25 年生后的衰老期，下部和内膛枝逐步枯死，新枝少而短，大枝老化，结果部位严重外移，产量逐年下降，果形变小。此期主要在良好土肥水管理的配合下，疏除枯死枝，重缩衰老枝和下垂枝，利用徒长枝改造成骨干枝和枝组。抬高枝头角度，提高复壮力，疏除衰弱枝组，用强旺枝培养新枝组，代替衰老枝组，以延长结果年限。

五、李树的肥水管理

1. 春耕施肥

早春 2 月上旬土壤解冻之后，立即进行李园的春耕或春刨等土壤管理措施。可先撒施基肥，然后春耕春刨掩埋。春耕园地，有利保养水分，提高土壤透气性，可促使李树根系发育。春耕春刨必须在 3 月中旬前结束，过晚不利保墒。

2. 花前施肥

春季 4 月上旬，开花前浇一次大水，同时每亩施入尿素 25～30 kg，以提高花期营养水平。幼苗定苗后的第 2～3 年，每亩追尿素 7～10 kg，追肥后，浇水，松土保墒。

3. 花后追肥

盛花后 1～30 天为幼果的第一个发育高峰期，5 月中旬即进入硬核期。硬核期追肥有利胚的发育与核壳的硬化，有利新梢的生长与花芽分化，是关键性追肥。应以施磷、钾肥为主，配合少量氮肥。结果园每亩施入农家肥 1 200～1 500 kg，同时，追施复合肥 30～50 kg，或磷酸二铵 30 kg，硫酸钾 10 ~ 15 kg。追肥结合中耕除草，疏松土壤，以充分发挥肥效。

六、李树的主要病虫害发生与防治

李树的主要病虫害有李红点病、李实蜂、杏虎、黄斑卷叶蛾、金毛虫、天幕毛虫、刺蛾、桑白蚧、蚜虫、红蜘蛛和浮尘子等，各类病虫害如果抓住时期开展防治是可以控制的，主要防治技术如下。

1. 刮除树皮

在 2 月，及时进行人工刮除老树皮，消灭翘皮下越冬的各种害虫。刮除时，注意千万不可刮深伤及新鲜皮层。寻找枝干蛀洞和树体伤口，发现天牛蛀洞用敌敌畏毒纸堵塞；新伤口涂以漆油；大的老伤口可用木屑混合油漆堵平，防止雨季侵蚀，腐烂口加深，导致树体衰弱和死树死枝。

2. 喷布药物

初春，3 月中旬，此期，球坚蚧的越冬若虫 3 月上、中旬恢复活动能力，寻找适当场所固着为害，桑白蚧的雌虫和卵也开始活动。因此，此时是年中防治蚧类的关键时机。及时喷布波美 3 ~ 5 度石硫合剂防治效果很好。

3. 喷肥增产

在盛花期，及时喷布 1 ~ 2 次 0.2% 硼砂 + 0.3% 尿素，可提高花期营养水平，有利于授粉受精，提高产量。

4. 防病治虫

初花期，是李实蜂、杏虎出土期，可于树下喷洒 50% 辛硫磷乳剂 500 倍液，也可利用其有集中避风的特点，有树干的背面、树下的碎石块下，人工寻找捕杀成虫，或在树下放些石块或土块，诱集捕杀。4 月是害虫金龟子、象鼻虫、地老虎等发生期，可喷布 90% 敌百虫 1 000 ~ 1 500 倍液，或撒用 30 ~ 50 倍敌百虫处理的毒饵。在 5 月下旬至 6 月上旬，地面喷洒杀灭菊酯 2 500 ~ 3 000 倍液，或溴氰菊酯 4 000 倍液，可防治杏虎、李实蜂、李小食心虫、桃蛀螟和蚜虫等为害。若发现叶及果实病害时，除喷布以上杀虫剂外，可加喷 70% 甲基托布津

800～1 000 倍液，或 50% 多菌灵 600～700 倍液防治。

5．防治天牛

在 6～7 月，发现树下有虫粪后，立即寻找蛀孔，用棉絮浸沾稀释 30～50 倍的敌敌畏液，堵塞虫孔，或用敌百虫毒泥封闭蛀孔，消灭天牛，保护树体。

6．喷药保护

发芽前喷波美 5 度石硫合剂，展叶后至发病前喷 250 倍石灰倍量式波尔多液或 65% 代森锌 600 倍液。

七、李树果实的采收与贮藏

李树的果实在 7 月先后成熟。当果实表现出光亮的色泽，种仁充实，则表明果实已成熟。

1．李果实的采收

（1）采收时期。采收时期主要决定于果实的成熟度、采后用途、运输方式及距离、贮藏方法及市场需要等方面。其中以果实成熟度最重要；不同成熟度的果实，其品质、耐贮性、加工适应性等均不同。

（2）采收方法。李果的采收以人工采收为主。人工采收的工具主要有采果袋、篮、筐、篓、采果梯、装果箱等。应按自下向上、先外后内的顺序依次采摘。采收时手握果实，以手指按果柄，向上轻托或将李果扭向一方，使果梗与枝分离。在采收过程中，要轻摘、轻放、轻装、轻倒，要尽量保留果粉，防止机械损伤，以保证果实外观及品质。

2．李果实的包装贮藏

（1）李果实的包装。包装是果实标准化、商品化，保证安全贮运的重要措施。可以减少运输、贮藏和销售过程中互相摩擦、挤压、碰撞等所造成的损失，还可减少水分蒸发，保证果品质量与耐藏性。内销和加工用果实，应选用坚固、耐用、不易变形的荆条篓，内衬蒲包，果不宜装得太满。而后贴上品种标签，迅速运往市场销售或冷库贮藏。

（2）李果实的贮藏。李果实贮藏采用机械冷藏，结合使用气调包装袋则效果更好。李果采收后应尽快在 0.5～1 ℃下预冷，然后置于温度 -0.5～1 ℃、相对湿度 85%～90% 的条件下贮藏。一是运前预冷：李果实在装入冷库、车船运输前需预冷降温。预冷可采用风冷、水冷、冰冷和真空冷却等方式。二是快装快运，李果采后，新陈代谢常旺盛，会消耗果实自身大量的营养物质。因此，应缩短运输过程，快装快运，以减少途中消耗。

第六章　枣树的丰产栽培技术

枣树，枝梢长有小刺，4月萌芽长叶，5月开白带青色的花，花小多蜜，果实长圆形，未成熟时绿色，成熟后褐红色。营养丰富，枣的品种繁多，大小不一，果皮和种仁可药用，果皮能健脾，种仁能镇静安神；果肉可提取维生素 C 及酿酒；是我国特有的落叶果树之一。

枣树是暖温带阳性树种。喜光，好干燥气候。耐干旱瘠薄，耐寒，耐热，又耐旱涝。对土壤要求不严，平原、沙地、沟谷、山区、丘陵地都能生长，对酸碱度的适应范围在 pH5.5 ~ 8.5，以肥沃的微碱性或中性沙壤土生长最好。有"木本粮食""铁杆庄稼"之称。

一、枣树的主要优良品种

枣树主要品种有山东乐陵小枣，河北赞皇大枣，山西板枣，骏枣，河南灰枣、灵宝圆枣，陕西的大荔圆枣，晋枣，新疆的和田枣、哈密大枣等品种。新疆哈密大枣、山东乐陵的金丝小枣、河北沧县的无核枣、浙江义乌的响铃枣，并称"四大名枣"。主要品种介绍如下。

1. 灰枣品种

灰枣又名新郑灰枣，该品种果实果皮为橙红色。果实长倒卵形，胴部稍细，略歪斜。平均果重 12.3 g，最大果重 13.3 g。果肩圆斜，较细，略耸起。梗洼小，中等深。果顶广圆，顶点微凹。果面较平整。果皮橙红色，白熟期前由绿变灰，进入白熟期由灰变白。果肉绿白色，质地致密，较脆，汁液中多，果核较小，含仁率4% ~ 5%。在产地，4月中旬萌芽，5月下旬始花，9月中旬成熟采收。果实生育期100 天左右。该品种产于河南新郑，灰枣得名是因为枣在成熟变红之前，通体发灰，好似挂了一层霜，所以得名"灰枣"。

2. 灵宝圆枣品种

灵宝圆枣又名屯屯枣。该品种果实扁圆形，纵径 3.3 ~ 3.8 cm，横径 3.4~4.4 cm，单果重 22.3 g，大小较均匀。果面平整，果皮中厚。果肉厚，质地致密，较硬，汁液少，味甜略酸。制干率 58% 左右，适宜制干和制作无核糖枣，品质中上。树势强旺，发枝力中等，定植后 2~3 年开始结果，高产，但稳产性较差，果实生长期 110 天左右。该品种适应性强，耐旱涝、耐瘠薄，果大，肉厚，核小，不易裂果，品质中上。灵宝圆枣是河南灵宝的知名特产。

3. 金丝小枣品种

金丝小枣为优良的鲜食、制干兼用品种。该品种果实较小，椭圆形或倒卵形，平均单果重 4~7 g。果面光亮、鲜红。肉质致密细脆，品质极上，制干率为 54%~57%，9 月中、下旬成熟。主要分布于山东的乐陵县、庆云县、惠民县，河北的沧县、献县，北京的密云县等地。

4. 无核小枣品种

无核小枣又名空心枣、虚心枣。该品种果实圆柱形，平均单果重 5.1 g，最大果重 10.2 g。果皮橙红色，肉质细腻，核退化成膜质，品质上等，适于加工制干，制干率 54.8%，9 月上中旬成熟。原产于山东乐陵、河北沧州。

5. 梨枣品种

梨枣果实短圆形或长圆形，果实特大，平均单果重 35 g，最大果重 80 g，果肉厚，白色，质地松脆，味甜多汁，为鲜食的优良品种，原产于山西等地。

6. 冬枣品种

冬枣品种果皮光亮，呈赭红色，熟前阳面常有红晕，皮薄质脆，果肉较厚，细嫩多汁，浓甜微酸，果实近球形，大小不匀，平均单果重 17.5 g，最大单果重 35 g，为金丝小枣的 3 倍。

二、枣树的优良品种苗木培育

枣树优良苗木主要通过嫁接繁育而成，嫁接的砧木一般为山枣（又叫酸枣），山枣需要 80 多天的后熟期才能发芽，所以要通过沙子贮藏 80 天后播种出芽，才能培育山枣苗木再嫁接成为优质枣树苗木。

山枣插种嫁接良种苗木的技术方法如下。

1. 冬藏种子

山枣种子的后熟为 80 天左右。所以在 12 月中旬大雪后，取出山枣种子用清水浸泡 24～48 小时，然后将种子和沙按 1∶5 比例混合层积。即采用一层种子一层沙入沟沙藏的方法贮藏，为播种做好准备。

2. 圃地整理

在 3 月上旬，选用壤土或沙壤土作为苗地。开冻后，每亩施土杂肥 1 500 kg 以上，耕播 25～30 cm，整平筑畦备播。

3. 催芽播种

初春 3 月中旬，贮藏的种子还不发芽时，连同混拌的沙子一起放于向阳处，覆盖地膜催芽。种子萌动裂核时播种。山枣有刺，为便于圃地的嫁接，宜采用行距为 60 cm 及 35 cm 的大小行播种。开深 3～5 cm 的浅沟，条播或点播。点播株距 20 cm，每点放 2 粒种子。播后覆土 2～3 cm，然后再覆地膜。盖膜前地面上喷 50% 敌百虫 800 倍液，防止膜下害虫啃食出土后的幼苗。出苗后随时点破地膜，以利于幼苗出膜。

4. 选定苗木

初夏，5～6 月，苗高 10 cm 左右，去掉双株苗和覆膜，锄净杂草。条播苗按株距 15～20 cm 定苗，多余的苗可移栽。移栽时去掉主根尖端，有利于侧根的发达。

5. 采集接穗

落叶期，11～12 月，计划春季嫁接的用穗，一般结合冬剪采集备足。接穗必须采自健康的良种母树，用基部直径在 0.7～2 cm 以上的一次枝和二次枝，枝龄以 1～3 年生为限。过粗的接穗，虽能成活，但不易抽发旺枝。将接穗捆好，标明品种，然后沙藏。当地无良种条时，外调接穗要保湿运回，在背阴处，挖沟沙藏。

6. 嫁接苗木

苗木生长期，5 月上旬嫁接苗木，成活率很高。此时培育的山枣砧木完全离皮，用贮藏不发芽的接穗"皮下接"。5 月下旬后，直接从生长的树采穗，剪除脱落性结果枝，盛于少量水中保存或用湿布保湿。外地调进接穗，或用麻袋草包，湿草包装，运输途中保持通风湿润，运到后，立即在通风背阴处或凉爽室内，把接穗斜插在 15～17 cm 厚的湿沙中，每天喷 2～3 次清水，可保持 5～7 天。嫁接后用塑料条绑扎，再用大叶片树叶包裹接口和接穗，保持湿度。5 月下旬至 7 月上旬期间，用 8～12 片叶保湿。7 月中旬至 8 月底，因湿度大、温度高，发芽快，可包叶 6～8 片。前期嫁接后 10～15 天，将包叶顶端撕破开口"放风"，后期嫁接后 7～10 天"放风"。宜在傍晚或阴天进行"放风"，3～5 天后嫩芽逐渐适应外部条件，便可解除全部包叶。

7. 芽接方法

夏季 7~8 月，枣树生长季节"皮下接"，带木质部芽接，都是按后当年促发新梢。秋季用普通的"T"字形芽接，使接后当年不再促发新梢。接穗用当年枣头一二年生枝的隐芽。削芽时，由于接穗上的二次枝基部着生主梢的一个隐芽，取芽不便，一般采用三刀削芽法。即紧贴二次枝基部向上横切一刀，然后在芽两侧各切一刀，两侧的切口在芽下部 1 cm 处相交，再用手将芽扭下，按"T"字形接于砧木上，用塑料条包严。芽接前先浇水，同时剪除砧木下部的二次枝，便于操作。芽接一般用于 1～2 年生较细的山枣砧木苗的繁育上最好。

8. 接后管理

嫁接成活后的苗木，根据天气情况及时浇水，松土保墒，清除杂草，清除嫁接芽眼以外枝条，保障苗圃地的通风透光条件，促进苗木快速成长，到 9 月下旬苗木可长成 60～100 cm 的合格苗木。

三、枣树的栽植建园

1. 建园选址

枣树喜光，枣树园宜在向阳的坡地、光照充足、土壤透气性好的地方建园。山地沿等高线栽植，一般株距 3～4 m，行距 4～5 m，每亩栽 33～55 株。按等高线挖宽 1 m，深 60～80 cm 的栽植沟或 1 m×1 m×0.8 m 的栽植穴，每株施足 100 kg 土粪。无法建水平带的陡坡，可挖鱼鳞坑栽植。平地宜长方形栽植，株距 3～5 m，行距 5～7 m，亩栽 19～45 株。枣粮间作是平原发展枣树的方向，行株宜 10～30 m，密度以亩栽 20 株左右为宜。

2. 栽植苗木

初春 3 月上旬是栽树的好时机，最好做到随起苗随栽植。起苗前浇水可减少苗木细根的干枯。栽植时根系要舒展，覆土一半后轻提苗，再覆土踏实后浇水。并适当剪枝，减少水分蒸发。枣树具有自花授粉结实的特点，但是，在枣树园栽植授粉树可提高产量，授粉树宜占 10%～15%。栽植的授粉苗木要合乎大田栽植规格，无病虫害苗木做授粉树。

3. 栽后管理

春季 4 月中旬至 5 月上旬，苗木发芽期，对新栽树普遍浇水 1 次。对散栽的枣树，立桩护苗，防止摇动和牲畜啃食为害。提倡对新栽小树幼苗的树盘盖上地膜，以保持湿度和提高地温，减少僵化假死苗的发生，提高苗木成活率。

四、枣树的修剪管理

1. 枣树的夏季修剪

（1）夏季修剪。初夏 5 月枣树隐芽萌发力强，应疏除树干上、内膛中发生的枣头，从而改善树冠的光照条件，减少消耗。有空间生长的枣头，除作更新枝外，长至 30 cm 时，剪去 1/2～1/3，养分集中供应留下的二次枝和枣吊，促进当年提早结果。外围的旺枣头，也应该摘心控制枝势，使其转化为结果枝，也可以提早结果。

（2）枣树开甲。枣树开甲即是果树管理的环状剥皮技术，暂时切断韧皮部，有利养分积累，提高坐果率。环剥时掌握小树不剥，弱树不剥，进入盛花期再剥。环剥口以 25 天能愈合为宜。同时注意环剥甲口虫的防治，可于环剥后 5 天，喷 1 次 90% 敌百虫 500 倍液，环剥时间在 6 月为宜。

2. 枣树的冬季修剪

（1）生长结果特性。枣树喜光，结果早、寿命长，枣树的枝条可分为三类：枣头、枣股和枣吊。枣头是枣树扩展树冠，形成骨干枝和形成新的结果部位的枝条，其分生的永久性二次枝、三次枝的主芽，来年可形成枣股。枣股是一种短缩型的结果母枝，它由枣头一次枝和永久性二次枝叶腋间的主芽所生成。枣股的顶芽生长极缓慢，四周环生副芽。枣股受到刺激后，会由顶芽抽生强壮枣头。枣吊，即是枣的脱落性结果枝，绝大部分是由枣股的副芽抽生出来的；其次，二次枝各节的副芽也可抽生枣吊，一次枝的基部也有少数的枣吊抽生。每一个枣股着生 2 ~ 7 个枣吊。枣吊一般长 10 ~ 20 cm，有 10 多个叶片，从第二三叶腋起，每个叶腋着生一个聚伞花序，每一花序有花 3 ~ 15 朵。枣吊寿命只 1 年，秋后自行脱落。

（2）枣树结果期修剪。落叶后 12 月，枣树结果后修剪的任务主要是促进结果。疏除密枝，短截强壮的枣头，控其长势，促其转化结果，形成新的枣股，替代年久的枣股。对下垂生长的骨干枝，进行回缩，抬高角度，促使回缩后的部位产生强壮的枣头，恢复枝势。对二次枝留 3 ~ 4 个健壮的枣股短截，通常是在枝段显著变细处短截。极度衰弱的树，要预先培育中后部萌生的枣头，更新换头，取而代之，重新形成树冠。后部若有萌发的徒长枝，可在后部较壮的分枝处缩剪，并短截分枝，疏除剪口下的二次枝，激发旺盛枣头，培育构成新冠，提高枣树产量。

五、枣树的肥水管理

1. 芽前肥水

春季 3 月底至 4 月初，每株产枣 50 kg 的大树，施尿素 0.5 kg、圈肥 20 ~ 30 kg；或磷酸二铵 0.5 ~ 1 kg。挖 20 ~ 30 cm 的浅沟施入根际部，并结合浇水一次。此次追肥可缓和发育枝、叶片、枝系与结果枝、花蕾分化同步生长争夺养分的矛盾。

2. 定苗追肥

春季 5 月间定苗后，亩追施磷酸二铵 20 kg 或尿素 15 ~ 20 kg。二年以上的嫁接苗亩追施硫酸铵 50 kg，或碳铵 50 ~ 70 kg，施肥结合浇水，促使苗木加快生长。

3. 保花技术

初夏 6 月份，花前花期灌水和树上喷水。枣树花期常因干旱和干热风而造成"焦花"，影响坐果。于盛花的晴天傍晚，用喷雾器均匀地喷布清水，隔几天再来 1 次，喷水结合浇水，以增加枣园空气湿度。

4. 开甲追肥

初夏 6 月及时给枣树进行开甲，开甲后及时追肥，每株结果 50 kg 的枣树，追施磷酸二铵 0.5 kg 或三元复合肥 0.5 kg。

5. 秋施基肥

秋季 9~10 月枣果采收后根系活动加强，此时翻地松土有利于根系的生长。翻地结合基肥，可促进树势的恢复。基肥以土杂肥、牛羊栏肥、堆肥等有机肥料为主，配合速效化肥。施用量株产 50 kg 枣果的大树。施入土杂肥 100 kg 左右，尿素 200 g、过磷酸钙 0.5~1 kg，以提高枣树抗寒抗旱的越冬能力。

六、枣树的主要病虫害发生与防治

枣树的主要病虫害是枣疯病、枣锈病、幼虫蛀果后形成"豆沙馅"的桃小食心虫，食叶的枣尺蠖等，在生产中注意预防和防治相结合，即可防控危害。

1. 枝干病虫的发生与防治

早春 2 月间，刮除老树皮，消灭潜伏在内的越冬害虫。龟甲蜡蚧严重的园片，在 2 月底喷布 5% 柴油乳剂。喷药后，随即人工敲打树枝，震落虫体。增加药剂的防治效果。7~8 月，及时检查枣树的根茎和主干大枝，挖除天牛卵块和幼虫，并用 80% 敌敌畏 50 倍液喷布根茎主干部，防治天牛幼虫蛀入为害。

2. 春季病虫的发生与防治

初春 3 月中旬，设置防治危害树叶的枣尺蠖的三道防线：一绑，紧贴树干基部绑宽 8~10 cm 宽的塑料带，使雌蛾无法上树交尾产卵；二堆，围绕树干基部塑料带下堆一圆锥状土堆，土堆压住塑料带的下沿 1.5~2 cm，使雌蛾爬不上树；三挖，在圆锥状的小土堆基部周围，挖一条深、宽各 10 cm 的小沟，沟壁用敌百虫毒土，每株 0.5 kg，或 10% 辛硫磷颗粒剂，每株 100 g，撒于小沟内或土壤上，隔半月后再撒 1 次。4 月中旬喷布 90% 敌百虫 800～1 000 倍液，或 50% 杀螟松 1 000 倍液，或菊酯乳剂 2 000～3 000 倍液防治枣尺蠖的发生。蚜虫发生时，可喷布灭蚜威 800～1 000 倍液。

3. 夏季病虫的发生与防治

初夏 6 月花期前后，喷布 10 mg/kg 赤霉素加尿素 0.5% 混合液；0.3% 硼砂和 0.5% 磷酸二氢钾，都可不同程度地提高枣树坐果率。花后喷药。6 月下旬至 8 月，喷施 20% 杀灭菊酯乳油 2 000 倍液，或 10% 氯氰菊酯乳油 1 500 倍液，或 2.5% 溴氰菊酯乳油 2 000～3 000 倍液。7～10 天后再喷一次，可取得良好的防治效果，杀死桃小食心虫等。7 月后，高温高湿易发生枣锈病，症状为叶片背面出现灰褐色斑点，导致大量落叶，7 月中旬和 8 月上旬，各喷 1 次倍量式波尔多液 200～250 倍液。或喷代森锌 600～700 倍液，或者喷 50% 退菌特 800～900 倍液。同时，此期桃小食心虫也大量出现，其幼虫蛀果后形成"豆沙馅"，造成大量落果，是枣果的大敌。桃小幼虫出土盛期后的 14～18 天，查找树上卵果率达 1% 时，喷布 50% 杀螟松 1 000 倍液，或 20% 杀灭菊酯 2 000 倍液，间隔 10～15 天，再喷 1 次，压低第一代虫口密度。同时可兼治枣粘虫、枣刺蛾、叶蝉等害虫的发生。

七、枣树的花期授粉

枣树配置适宜的授粉树，可以提高坐果率。枣树在开花过程中，花瓣和雄蕊分离时花丝能产生一种弹力能使花粉弹到柱头上，进行自花授粉。多数枣品种能单性结实和自花结实。在生产实践中，单一品种种植的枣区大多能达到较高产量。但异花授粉能显著提高坐果率。尤其是有些品种雄蕊发育不良，花粉退化，则更需要配置授粉树。枣树的授粉技术如下。

1. 花期放蜂

枣树是典型的虫媒花，花蜜丰富，香味浓。蜜蜂是最好的传粉媒介。枣花粉的生活力及发芽率在蕾裂期到萼片半开期最高，枣花有效授粉期较短，所以应及时放蜂，在开花第一天授粉的，坐果率为50%；开花第二天授粉的，坐果率为2%；以后授粉的则全部脱落。花期放蜂能提高坐果率1倍以上，枣园放蜂的数量与枣园的面积和每箱蜂的数量和活力有关，一般将蜂箱均匀地放在枣园中，间距不超过300 m。

2．花期授粉

在枣树花期喷水或喷施蔗糖溶液有良好的商品效果。枣的授粉和花粉发芽均与温度、湿度有关，枣花粉发芽的适宜气温为24～26 ℃、相对湿度为70%～80%，湿度太低（低于40%～50%）花粉发育不良。在河南省新郑枣区，花期常遇高温、干旱天气，易出现"焦花"现象。因此，花期喷水不仅能增加空气湿度，而且能降低气温。一般年份喷水2～3次，严重干旱年份可喷3～5次，一般每次间隔1～3天。

八、枣树果实的采收与贮藏

1．适时采收

枣果成熟度是影响鲜枣贮藏保鲜效果的重要因素之一。9～10月，当枣果果肉充分膨大，质地由硬转变为松脆爽口，果皮由绿色转变为乳白色时，为枣果的白熟期，是加工成蜜枣的适采期。鲜食用枣，制作红枣、黑枣的枣果应充分着色，呈红色时采收。枣果应随采随处理，否则色泽易变，影响品质。成熟度愈低愈耐贮藏，其耐藏性随枣果成熟度而下降，白熟果好于初红果，初红果好于半红果，全红枣果耐藏性明显下降。枣果贮藏保鲜，大部品种宜在枣果着色50%左右的半红期采收为宜，采收偏早，品质不好；采收偏晚，白熟期糖分已超过20%，口感已很好，可适当提早采收。

2．贮藏方法

枣果采收后装入专用果箱，运输过程切记轻拿轻放，防止磕碰损伤。贮藏前枣果要进行挑选、分级、清洗、消毒和预冷处理，以上程序1天内完成，然后把果装入0.01～0.02 mm无毒聚乙烯或聚氯乙烯塑料薄膜袋，每袋容量5 kg以下，扎紧袋口，袋中部两面打两个直径1 cm小孔，以利通气和排除有害气体，贮藏期间要注意检查。

第七章　樱桃树丰产栽培技术

樱桃树，又名含桃、牛桃等。高可达4~8 m，叶卵形或卵状椭圆形，长7~12 cm，先端锐尖，基部圆形，缘有大小不等重锯齿，齿间有腺，上面无毛或微有毛，背面疏生柔毛。花呈白色，3~6朵簇生成总状花序。3月开花，并且是先开花后长叶；果实近球形，红色或黄色，5~6月成熟。是落叶乔木或灌木丛生果树。

樱桃，喜光照，抗寒耐旱，对土壤要求不严格。但在温暖地区，疏松的沙质土壤中生长旺盛。樱桃经济寿命长，一般结果20~30年。其果成熟早，正值春末夏初各种水果的市场淡季，被称为"春果第一枝"，售价极高，因此大有发展前途。

俗语说："樱桃好吃树难栽"，其实不是树难栽，应该说是果难摘。樱桃树的适应性相当强，几乎各种土壤都能生长；而且管理技术简便，生长快、收益早；一棵大樱桃树能结果二三百千克，树龄能长达二百余年。农谚云："蚕老一时，樱熟一晌"。樱桃成熟之后，如果不立即收摘，很快会自动落地；若遇上较大的风雨，万颗红珠倾刻之间报了销。樱桃熟了，千万只鸟雀云集，若不拼命驱赶和赶快摘收，转眼间树冠就会由红变青，能够一颗樱桃都剩不下，所以说是果实难摘。

一、樱桃树的主要优良品种

樱桃原产于我国，3 000多年前已作为珍果栽培。樱桃果实鲜艳、酸甜可口，品质上乘。用于栽培的品种有中国樱桃和西洋樱桃两大类。主要品种介绍如下。

1. 先锋樱桃品种

先锋为引进乌克兰系列品种，产量大，果实艳丽，中型果，在果园内常作为授粉树，酸甜适口，中熟品种，6月中旬成熟，平均果重

10 ~ 12 g，单果重可达 14 g 以上。

2. 巨红樱桃品种

巨红樱桃，是樱桃品种中口感较好的品种之一，颜色黄红相间，晚熟品种，6 月下旬成熟，平均果重 10 ~ 12 g，单果重可达 16 g 以上。

3. 冰糖樱桃品种

该品种又名黄蜜樱桃，巨红芽变品种，果实色泽艳丽、晶莹美观，非常漂亮，口味最佳，被誉为果中极品，晚熟品种，6 月下旬成熟，平均果重 10 ~ 13 g，单果重可达 15 g 以上。

4. 佳红樱桃品种

该品种果实色泽艳丽、晶莹美观，果肉硬、果汁多、口味好，被誉为果中珍品，自花结实，晚熟品种，6 月末成熟，平均果重 10 ~ 12 g，单果重可达 14 g 以上。

5. 美早樱桃品种

该品种果实个大、果柄短、果肉硬，颜色紫红相间，口味甜酸适口，看起来特别好看、卖点高、早熟品种，6 月上旬成熟，平均果重 12 ~ 16 g，单果重可达 20 g 以上。

6. 沙蜜豆樱桃品种

该品种果实个大、颜色嫣红、高心脏型，果肉软硬适中、味美适口。晚熟品种，自花结实，6 月末成熟，平均果重 12 ~ 14 g，单果重可达 20 g 以上。

7. 红灯樱桃品种

该品种是早熟品种，5 月下旬成熟，果实个大、宽心脏型，果柄短，核小，果肉硬，果汁和糖分较高，平均果重 10 ~ 12 g，单果重可达 15 g 以上。

8. 早大果樱桃品种

该品种为引进乌克兰系列早熟品种，5 月中下旬成熟，色紫个大、味道鲜美，平均果重 12 ~ 14 g，单果重可达 16 g 以上。

9. 大红灯樱桃品种

大红灯是主要的早熟品种，果实大、肾脏形，果柄粗短，果皮红色或紫红色，有光泽，外观美；平均单果重 9.6 g。果肉较硬，果汁较多，淡黄色，酸甜适口，品质上等，较耐储运。5 月底至 6 月上旬成熟，果实发育期 40～45 天，可食率达 92.9%，是目前发展面积较大的优良品种之一

二、樱桃树的优良品种苗木培育

樱桃树良种苗木繁育有多种方法，有分株育苗、扦插育苗和种子育苗。分株育苗和扦插育苗可保持母株的优良性状，而种子育苗较易获得大量的苗木，它们都可作砧木嫁接良种。现将苗木繁育技术介绍如下。

1. 圃地选择

繁育樱桃优良新品种的苗圃地，最好选择背风向阳、土质肥沃、不重茬、不积涝、排水良好，又有水浇条件的中性壤土或沙壤土。圃地整理要在10～11 月进行，每亩按 5 000～6 000 g 施入基肥，施后深耕。第二年春育苗前再耕翻一遍，耙平整细，作畦。

2. 砧苗繁育

（1）采收种子。5 月樱桃成熟后，在健壮无病的植株上采集果实。食之果肉或碎果肉取种，用清水淘洗干净，随即用1∶10的湿沙拌匀，盛于花盆或木箱内，放地窖或在背阴处挖坑贮藏。室外贮藏需盖瓦片或薄膜，防止雨水下渗。中国樱桃每 10 kg 鲜果可出鲜核 1 kg，每千克鲜核 9 000～10 000 粒，发芽率一般为 65% 左右，可作砧木苗繁育种子。

（2）种子贮藏。樱桃种子要经过230～250 天的贮藏，才能出芽整齐，所以要在 5 月下旬，采收后一层沙一层种子埋入坑穴里贮藏保湿。或于元月下旬取出种子，连同沙子一起，放背阴处进行 15～20 天的保湿冻贮，2 月中旬进行催芽。催芽的方法是在房前向阳处铺20～30 cm 厚的湿锯末，种子均匀撒于其上，然后再盖 2～3 cm 锯末，支撑倾斜45°的塑料薄膜棚。夜间盖草帘。10 天以上，抽破壳扭嘴的种子分批播种。

（3）适时播种。一是快速育苗，即当年培育成嫁接的成品苗。播

种的时间宜提前在 2 月底至 3 月初。在预先整成宽 1～1.2 m 的畦中，每亩施入硫酸亚铁 100 kg。开深 3～5 cm 的浅沟，每畦 3～4 行，行距为 30～35 cm，分抽扭嘴的种子，按株距 20 cm 点播。播前浇足底墒水，播后覆土 2～3 cm，随即用竹片或棉槐条支成高 45～50 cm 的塑料小弓棚。播种时机已到，而土壤不化冻时，可提前支棚暖化土壤。二是条播育苗。条播育苗的播种时间为 3 月中旬或下旬，一般人工采用条播。种子播后覆土即可，不再作其他处理。在 4 月份，条播的苗木，当苗木 3～4 片真叶时进行定苗。定苗后的行株为 70 cm，株距为 20 cm。

（4）幼苗管理。一是对快速育苗的苗木放风降温，即 4 月份，快速育苗的弓棚内，温度以 25～30 ℃ 为宜，过高时，中午解开塑料棚两头放风降温，晚间再封住两头。二是对条播的苗木进行摘心促分枝。6 月，对当年培育嫁接苗的砧木，只留一个主茎生长，其余分叉应及早除掉。对准备二年出圃的砧苗，当幼苗长到 20 cm 时，摘去主梢苗茎，培育基部 3～4 个分枝，增加苗茎数量。加强管理，调节为均势生长，高倍繁殖苗木。同时，还要培土。7～8 月，当摘心后促生的苗茎高达 40 cm 以上。可从行间取土，混以腐熟的细碎土粪，培到苗木基部。一次培土不可太厚，10 cm 为宜。10～15 天后，再加厚至 20～30 cm，使苗茎基部产生不定根并伸展生长。苗茎太嫩，不但不易生根，而且会伤条腐烂，所以应掌握基部木质化后，分次培土，及时进行苗茎摘心。9～10 月白露后，对不停长的苗梢摘心控长，以利充实苗茎，培育成砧木壮苗。

3. 苗木嫁接

樱桃树优良品种苗木的繁育，是通过嫁接完成的。其苗木嫁接多采用芽片芽接法。

（1）芽片芽接的方法。全年均可使用。嫁接用砧木粗度应在 0.7 cm 以上，接穗宜采集 1 年生枝，选用饱满芽作接芽。嫁接时，在砧木基部距地面 10 cm 左右处，选择光滑的部位，沿垂直方向，轻轻削成长 2.5 cm 左右、深 2 mm 左右的长椭圆形削面。切削接芽时，在接芽以下 1.5 cm 处下刀，将芽片轻轻从接穗上削下，削成长 2.5 cm，厚2.0 mm左右的长椭圆形芽片。然后，将芽片紧紧贴在砧木的削面上，用塑料薄膜带包严绑紧即可。

（2）苗木嫁接后的管理。①适时解绑。嫁接后半月左右检查接芽是否成活，如果接芽新鲜，有所膨大，表明已成活。②剪砧除萌。嫁接成活后或春季萌芽前，在接芽上方1 cm处剪砧。在砧芽萌发时，要及时抹除砧木上的萌芽，以促使接芽萌发生长。③肥水管理。为了促进苗木生长，要加强肥水管理。根据干旱及苗木生长情况及时浇水、追肥。前期以氮肥为主，后期以磷钾肥为主。

4. 苗木出圃

（1）苗木采挖。嫁接苗木落叶后，11月下旬，土壤封冻前进行起苗出圃。起苗时要尽量保持根系完整。

（2）苗木包扎。包装外运的苗木，可按等级每50～100株扎成1捆，根部用湿润草包包裹，以防根系失水。然后在每捆苗木上系好标签，注明品种、规格和数量，即可交付外运。

（3）出圃假植。落叶后11～12月，健壮的二年生大樱桃苗可以冬前栽植。若是梢苗生长快，组织较嫩，宜春植或出圃假植。大批出圃的苗木，可以提前采挖后假植在苗圃的土壤里待销、待用。

三、樱桃树的栽植建园

樱桃树的建园，优质的苗木是关键，苗木质量的好坏不仅直接影响到树体生长的快慢、结果的早晚和产量的高低，而且对树体的适应性和抗逆性也有很大影响，所以一定选择优质苗木建园。

1. 建园选址

樱桃树园，一定要选择向阳坡地、土质较疏松、肥沃的地块建园。这样的地方樱桃花期可减少晚霜为害，果实品质好、成熟早，提早上市。樱桃喜温润，但不耐湿，土壤水分过多会引起烂根，造成根系分布浅而降低支撑能力。园地地下水位必须在1 m以下，排水容易，才能为根系生长创造良好条件。

2. 栽植苗木

樱桃树春栽成活率高，3月份，及时挖穴完成栽植。樱桃树最宜四旁零星栽植。分株的树苗，植后第二年即可投产，见效快。樱桃的苗木栽植深度可比其他果树深 3 ~ 5 cm，以增强其固着性。樱桃树的栽植密度以株行距 4 m×5 m 或 3 m×4 m 为宜。山坡梯田可加密为 3 m×2.5 m，平原肥沃地可加宽至 5 m×6 m。山坡地应预先整出不少于 2 m 宽的水平带，有条件的可石垒梯壁，然后挖 1 m 见方，深 60 ~ 80 cm 的栽植穴。每穴施入土杂肥 50 ~ 100 kg，混熟土回填待植。

3. 秋翻果园

秋季 9 ~ 10 月樱桃根易上浮，于秋季翻刨园地，减少浮根。沟坡崖旁零星散生的植株，可扩大树盘，开放树窝子。坡度大，冲刷严重，根部裸露的植株，可在树的下方筑土埂或垒石堰，然后辟坡压上，增厚根部土层。秋翻可结合深施基肥，每亩施入农家肥 8 000 ~ 10 000 kg，引根深扎，提高树的抗冻、抗旱能力，保证果树第二年丰产丰收。

四、樱桃树的修剪管理

樱桃树的整形与修剪，应在最寒冷之后的春季进行，因枝条伤口易受冻害，剪口易流胶削弱树势，影响萌芽、抽枝和结果，所以要保护修剪时候的伤口，提高樱桃树的健壮生长势，从而提早结果。

1. 樱桃树的整形与修剪

樱桃的树形宜采用自然开心形，而以往的树形多为丛状形。丛状形大枝多，树冠内部枝条透光不良，花芽不易形成，甚至枯死，结果部位外移，树冠内部光秃。已成形的大树，可选留 5 ~ 6 个大枝，开张角度，去掉过多的密生枝，改造为多干开张性圆头形。

（1）幼树的整形与修剪。樱桃树幼树时，宜按自然开心形选择主枝，多者疏除，对骨干枝轻剪长留，以提高萌芽力，加速成形。结果期后，由于骨干枝先端延长，下部侧枝衰弱，应剪截骨干枝尖端部分，促使下部枝条保持旺盛生长。对徒长枝、密生枝宜疏除，减少外围枝量，有利内膛光照通透，花芽易成。整形成为自然开心形为宜。

（2）盛果期的整形与修剪。樱桃树进入盛果期后，要适当疏除部分密生结果枝，重截结果枝，培育更新枝，以稳定内膛结果部位。对结果枝的修剪方法可参考桃树结果枝更新修剪部分。同时，要注意甜樱桃干性强，新梢顶端优势明显，自发育枝先端常发生 3~4 个长枝，其下部所生的枝则为短枝，树性生长强旺而直立，宜保留主干，培养为主干疏层形或多主枝分层形。

2. 樱桃树的修剪技术

樱桃树的修剪主要是在生长季进行，但由于生产实际情况的制约有时生长季修剪技术不到位，就需要通过春季萌芽前修剪来调整。在萌芽期，萌芽前修剪应尽量不动大枝，减少伤口以防止流胶，以疏除过密枝、竞争枝为主，尽量少短截。此期修剪一般要求在 3 月 10 日萌芽前结束。不同时期的樱桃树的修剪原则如下。

（1）樱桃幼树的修剪原则。主要疏除幼树中的干上过旺的直立主枝和主枝上过旺的徒长枝，对保留下的主枝和主枝上的侧生枝以拉枝开张角度和刻芽为主。主枝开张角度 60°~70° 为宜，侧枝开张角度 70°~80° 为宜，拉枝时要拉成一条线，切忌拉成弓形。刻芽一般在 3 月上旬芽萌动前进行，在主枝上以促发侧枝为目的。

（2）樱桃树初果期的修剪原则。樱桃树初果期，一般 4~7 年生，要以调整树体结构为主，注意主枝上结果枝组的培养。一是逐步疏除过低、过密的主枝，做到各主枝互不影响；二是适当回缩以促发分枝；三是对过弱的侧生枝进行回缩或短截复壮，对过旺的开张角度缓和长势促进成花。

（3）樱桃树盛果期的修剪原则。樱桃树盛果期的树以调整好树体结构、改善冠内风光条件为主，冠内萌生多余的直立枝、过密枝、重叠枝、交叉枝等坚决疏掉，打开层间距以免扰乱树形、消耗营养。树高过高的及时落头开心用弱枝带头控制树冠高度，达到枝繁叶茂。

（4）夏季修剪。初夏 4 月份幼果膨大期，也是新梢的生长展叶期应及时进行摘心，避免梢、果养分争夺，导致幼果脱落。对旺长的新梢留 7 片叶左右摘心，并疏除过多的新梢和徒长枝，以保果为主进行修剪管理。6 月果实采收后，可疏除内膛过密的枝条。树干基部分生的萌蘖枝，除保留作压条育苗外，一般予以疏除。结果期树的外围枝，可去掉1/3左右，有防止结果部位外移的效果。竞争枝和过密的外围枝条，重截或疏除。为改善冠内光照，骨干枝不开张时，可采用撑、拉等方法加大角度，培育为理想的树形。

（5）冬季修剪。落叶后，11～12月及时开展冬季修剪，幼树期的樱桃树不要多疏剪，能早进入结果期。随年龄增加，逐渐加强，其留枝的密度以夏季在树冠内都能照到日光而无荫枝为度。但不可在某一部位一次去枝太多，以免在其主干主枝部位引起日灼。樱桃的衰老树时期的修剪，不能像其他果树一样，为恢复树势而加重修剪量，这样会适得其反。宜进行深耕施肥培育，只剪去枯枝及垂死的老枝，待第二年春季新梢生长增加，叶色转绿，树势见恢复时，才可逐渐加强修剪程度。樱桃树的修剪总的要求是轻修剪、多管理。

五、樱桃树的肥水管理

1. 适时浇水

初春3月初，冬季雨雪少的干旱樱桃园，要及时进行灌水。保证墒情，为春季开花做准备。

2. 及时追肥

樱桃果实生长期短，前期需肥集中，3月上旬，每株结果树追施磷酸二铵0.7～1 kg，或磷酸氢铵1～2 kg。保障樱桃树养分，提高果实品质和产量。

3. 采后施肥

夏季7～8月樱桃采收后，其生长期很长，应进行追肥，补充树体营养，恢复树势。株产鲜果30 kg的树，株施优质圈肥50～70 kg，或人粪尿10～20 kg，或果树专用复合肥3 kg。樱桃根系浅，此期高温干旱影响正常生长，是造成死枝的重要原因，应设法浇水。

4. 深翻果园

深翻果园目的是改善果树根部环境。11～12月，同时在树四周的梢下，每株挖出3～5个尿穴，以利冬季浇尿追肥。有条件的果园于封冻前浇一次封冻水，可减少梢部抽干。

六、樱桃树的主要病虫害发生与防治

樱桃树的主要病虫害有桑白蚧、蚜虫、黄刺蛾、红蜘蛛，穿孔病、圆斑病、缩叶病等。在樱桃树的生长期及时开展预防和防治是可以控制的，所以樱桃树的病虫害防治是非常重要的一环。

1. 喷布药物

初春，3月上中旬，喷布波美3~5度石硫合剂，防治桑白蚧、蚜虫、红蜘蛛，同时，还可以铲除潜伏在树干、树枝、树皮裂缝中越冬的穿孔病、圆斑病、缩叶病等病菌。

2. 预防霜害

春季，一般樱桃花期在3月末到4月上旬，大樱桃花期在4月中旬，此期，气温变化无常，樱桃树易遭受霜害。对每年易受害的樱桃树，在3月中旬喷布食盐5份、石灰10份、水100份的石灰乳，可延迟花期4~7天。预报晚霜来临时，可采取果园浇水和点火熏烟等应急措施，每亩果园放烟4~8堆即可。

3. 防病治虫

春季，4月份种子播种后，要保持土壤湿润。土壤干旱立枯病发生严重，发现病株应立即清除，同时喷布70%甲基托布津1 000倍液，以湿润根部为度。

4. 花期喷肥

春季4月份，樱桃树的开花期，及时喷布1~2次0.3%硼砂和0.2%尿素混合液，可以提高坐果率。

5. 防治害虫

春季4月份，花后，介壳虫、蚜虫，红蜘蛛密度大，可用2~5倍的灭蚜威+纤维素制成药糊，先刮去枝干老皮一环，然后涂上药糊，用塑料布带包扎。樱桃缩叶病较为常见，其症状为嫩梢刚伸出就显现卷曲状，颜色发红，叶片展开后卷曲及皱缩的程度随之加重，叶片变形、肥大，质地松脆，呈淡黄至红褐色，发现后立即摘除。

6. 防治蛀干害虫

初夏，5月份，为害樱桃枝干的害虫有桑天牛、吉丁虫或红颈天牛。发现虫粪后用铁丝勾出幼虫，或用 150 倍敌敌畏毒液浸的纸团堵虫孔，或向注孔内注射 200 倍敌敌畏液。在主干和大枝上，涂上用 1 kg 敌百虫、30 kg 水配制成的敌百虫黄泥浆，可杀死成虫并防止成虫产卵。

7. 夏防虫害

夏季 7、8 月，叶片暴食性害虫刺蛾、青水蛾、蓑蛾易大发生，忽视防治会导致叶片全被食光。桃小叶蝉的成虫、若虫在叶背刺食汁液，受害叶正面呈现密集的白色小斑点，严重时可使秋季叶片提早落叶 30 天左右。可于 7 月中旬和 8 月中旬分别喷布 2.5% 溴氰菊酯 250 倍液和 50% 敌敌畏乳剂 1 500 倍液。7 月间红蜘蛛密度大时，可加上 20% 三氯杀螨醇 800 倍液。樱桃叶部病害主要是穿孔病。开始感病，产生半透明油浸状的小斑点，后逐渐扩成圆形或不规则形。病部紫褐色或褐色，周围有淡黄色晕环。后期病斑干枯，在健、病交界处发生一圈裂纹，很易脱落形成穿孔，防治不及时，会造成全树落叶。果实采收后，每隔 10 天左右喷布百菌清 800 ~ 1 000 倍液，连续 2 ~ 3 次。或于 7 月上旬、8 月上旬分别喷布 280 倍量式波尔多液。

七、樱桃树的花期授粉

樱桃树的授粉工作主要是对大樱桃品种，由于大樱桃自花授粉不易结果，而且有雌蕊退化、花器败育等现象，因此应进行人工授粉。人工授粉，在 4 月份，红色品种用黄色品种授粉；黄色品种则用红色品种授粉。授粉树距离较近，可直接采集花朵，向邻近花少的单株点授。大量的授粉还是应该采集花蕾，晾干后，取花粉，用授粉器或橡皮点授即可达到理想的效果。

八、樱桃树果实的采收与贮藏

樱桃果实软而多汁，樱桃易损伤腐烂，且收获期短，但必须在成熟期采收。同时，它的贮藏期也短，不超过 10 ~ 20 天。除鲜食外，主要可加工成樱桃果汁、樱桃罐头等。

1. 适时采收

樱桃果实的成熟期很不一致，即使同一花序的果实，成熟也有早晚。5月上旬，樱桃即有成熟，此时风多，浆果极果遭风害和鸟雀、蜂虫、金龟子等为害，因此，果熟要突击采收，以减少损失。

2. 分期采收

初夏，6月份，大樱桃的早熟品种，花后45天便可采收。分期采收能够提高产量和质量，一般分三次进行。第一次采摘20%；第二次采摘50%；第三次采摘30%。鲜食市售采摘充分成熟的果子，出口外运或加工罐头，应提前4~6天在8成熟时采收。为了保证加工果汁有良好风味和颜色，要选择完好、无损、新鲜果实，如有腐烂，则产品常散发出类似苯甲醛气味。如在成熟期采收和加工，可获得最佳品质和最高出汁率。否则，果汁不仅味酸，而且颜色差。果汁榨取可采用三种方法：新鲜樱桃热压榨、新鲜樱桃冷压榨和樱桃解冻后的冷压榨。为改进樱桃果汁风味，需要对酸、甜度进行调整，使果汁风味接近于鲜果，但调整范围不宜过大。因此，加工食品的质量和采收的关系是非常重要的。

3. 果实贮藏

樱桃果实要选择八九成熟，果实充分着色且尚未软化的果实采收，采收时要带果柄。采收后的果实可直接在田间装入内衬大樱桃保鲜袋的箱中，每箱装量4~5 kg，每包用大头针扎两个透眼。装箱前要剔出病、烂、成熟度过大的果实。樱桃果实采取低温冷藏保鲜，预冷降温速度越快贮藏效果越好，入贮前库温降低，入贮后使果温迅速降至2℃以下，要保证恒定低温高湿条件，樱桃果实冷藏适宜温度为−1~1℃，相对湿度在90%~95%，在此条件下，可贮藏30~40天。

第八章　苹果树的丰产栽培技术

苹果树，蔷薇科苹果属，落叶乔木，叶子椭圆形，花白色带有红晕。果实圆形，通常为红色，不过也有黄色和绿色，味道甜或略酸，具有丰富营养成分，有食疗、辅助治疗功能，是落叶果树中的主要树种，其具有果实风味鲜美、营养丰富和品质优良及耐贮运等特点，很受人们的欢迎，又是世界四大水果之一。

一、苹果树的主要优良品种

苹果树优良栽培品种很多，当前，按照苹果树成熟时期先后分，苹果树主要分早、中、晚熟等品种，林农果农要根据优良栽培品种的特点，科学引种栽植发展。

1. 苹果树的主要品种

苹果树的早熟品种有白粉皮、甜黄魁、祝光等，苹果树的中熟品种有红玉、金帅、红香蕉和红星等；苹果树的晚熟品种有国光、青香蕉、印度、秋花皮等。

2. 苹果树的优良品种

苹果树的早熟品种有辽伏、伏翠、津轻、千秋等，中熟品种有红月、乔纳金等，晚熟品种有嘎啦、阳光、秀水、国光、富士等。

3. 苹果树的推广品种

苹果树的推广品种，主要有红星、金冠，好矮生、新红星、阿兹维、金矮生等结果早、宜丰产的短枝型品种。重点要选择新红星和红富士等优良品种。

二、苹果树的优良品种苗木培育

苹果树的苗木繁育主要通过砧木种子育苗嫁接苹果优良品种。苹果树的主要砧木种子有楸子、山定子、八楞海棠、新疆野苹果、苹果实生苗等，其中以楸子繁育的苗木做砧木为最好。

1. 苹果树砧木种子的收集

秋季，8月下旬，当砧木果实充分成熟后，可以自行采集楸子或山定子或八楞海棠等无病虫害的优良母树上的饱满果实。果实采下后，可以堆积3~5天，其厚度为30~33 cm，每隔1~2天翻动一次，以免果实堆放发热烧坏种子。果实腐烂后人工挤压、冲洗干净，洗出后的种子可放在背阴通风处自然晾干（不可放在强烈的阳光下或水泥地上暴晒，否则会降低出苗率），自然阴干后，收集装袋，悬挂或放置棚架上保存。

2. 苹果树砧木种子的沙藏

苹果树砧木种子，在3月播种前要经过沙藏才能出苗整齐一致。沙藏时间因树种而异，楸子种子沙藏100~180天，野苹果种子沙藏75~80天，八楞海棠种子沙藏40~70天，苹果种子沙藏80~100天。同时，种子沙藏前，要先用清水浸1~2天，种子充分吸水后，混入3~10倍的湿沙，入沟（深1 m、长2~3 m）或装箱贮藏。贮藏期间保持温度为0~5 ℃。在贮藏期内，要注意不要使种子失水，适当的时候可用喷雾机对贮藏沟的土壤喷清水雾2~3次，保持土壤的湿度，防止土壤干燥失水。

3. 苹果树砧木的种子育苗

（1）苗圃地的选择。苗圃地的选择，一定要选择平整、肥沃、浇水方便的地方作为苗圃地。2月下旬土壤解冻后，及时精耕细耙土壤，每亩施入农家基肥5 000 ~10 000 kg，复合化肥100 kg。按宽1~1.5 m，长10~20 m，作畦备播。

（2）砧木种子的播种。初春，3月上、中旬，把贮藏好的种子，按行距35~50 cm，株距10~15 cm，点播于早已整好的圃地内。播后立即支塑料弓棚，这样可保湿保墒，砧木苗出芽整齐一致。当苗木高5~6 cm时进行间苗，8~10 cm时定苗。同时，去除塑料弓棚。6月中、下旬，幼苗进入旺盛生长阶段，要加强水肥管理。7月上、中旬，对高20~25 cm以上，但基部粗度不足0.3~0.5 cm的苗木，应进行摘心、培土、追肥、灌水，以促进粗生长，提高砧木苗木质量。

4. 苹果树良种苗木嫁接

（1）嫁接苗木。在3月上旬，芽萌动前多采用嵌芽接，这种带木质部嵌芽接也称为贴芽接。即先在接穗的芽上方向下竖削一刀，略带木质部。然后在芽的下方稍斜横切一刀，达纵切口处，取下接芽。砧木的切口与芽片削法相同，但比芽片稍长。插入芽片后使形成层对准，用塑料绳绑扎即可。此法适宜的嫁接时间较长，生长期长，成苗率高。另外苹果树苗木的嫁接方法也可用"T"字形芽接。芽接时间为7月中、下旬至9月上、中旬。在砧木苗基部距地面5~6 cm处、粗度达到0.3~0.5 cm的苗木，都可进行嫁接。芽接后，10~15天检查成活情况。嫁接接活的苗木随时解除绑缚物，未接活的可在伤口下部0.5~1 cm处再补接一次。第二年3月中旬至4月中旬，嫁接芽萌发前，可从接芽上部一次剪去砧木苗干，不留桩，剪口呈30°。为了保证接芽生长，砧干上的萌芽要随手及时抹除。

（2）苗木管理。第一抹去砧蘖苗。为保证嫁接苗梢的生长，嫁接苗木的嫁接口以下苗干上发生的砧蘖要及时除掉，防止影响嫁接芽子的生长和质量。第二进行苗木摘心。摘心时间在8月份，已达到1~1.2 m高度的2年生苗，可在1~1.2 m处摘心，这样可以控制苗木的高度生长，有利于促进根系发育，控制枝梢生长，同时，促进苗木苗干的充实，10月中下旬，生长成合格优质苹果苗木，当年即可出圃销售。

三、苹果树的栽植建园

在山地建立苹果果园，土壤深度一般不浅于60 cm，以增强果树的抗旱力。在平原地区建立苹果园，要考虑当地的地下水位不应高于1 m，防止苹果树水淹，影响苹果树的生长和丰产丰收，所以建立果园要注意以下几个方面。

1. 授粉树的选择和配置

苹果树的栽植，必须考虑授粉树。一般每个苹果果园至少应栽植3个品种才能获得最高产量。自花结实率高的品种如金冠等作授粉树时，栽植两个品种也可以。授粉树的配置方式有等量式、差量式，即主栽品种与授粉品种的比例 1：1 或 1：（6～9）。应该采用密植宽行栽培方式建园，建园时不宜隔行配置授粉树。

主栽品种新红星可选择金矮生、富士、王林做授粉的品种树；主栽品种富士可选择新红星、金矮生、秀水国光做授粉的品种树；主栽品种金矮生可选择富士、新红星、王林、好矮生做授粉的品种树；主栽品种乔纳金可选择新红星、富士、王林做授粉的品种树；主栽品种辽伏可选择甜黄魁、祝光、伏翠做授粉的品种树；主栽品种津轻可选择金矮生、新红星、千秋做授粉的品种树。

2. 苹果树丰产栽培

（1）科学规划建园。首先要选择园地，搞好规划。如栽植区的设置，防风林的安排，道路和排灌系统，货场及兑药池等设施。山地还要搞好水土保持工程，视地形、地势规划。一般长边与等高线平行，修成水平梯田。梯田要外侧稍高，内侧有排水沟。梯田壁一般用石垒成，高度在 1.5 m 以上的梯壁要有一定的护坡度。外壁为风化石或土壁时，则需加大坡度，并种植草皮、棉槐等护坡。

（2）合理栽植密度。建园时，要根据当地土质条件，品种、砧木及栽培技术等，合理密植才能丰产丰收。

（3）标准化挖树穴。树穴的大小直接影响苹果树的生长和成活率的高低。建立苹果园，挖穴的标准是深、宽、长 60～80 cm 见方。土壤好地方挖深 80 cm，宽、长 80～100 cm 的栽植坑即可。同时，在挖穴后集中施入土杂肥，每亩施入基肥 2 000～3 000 kg，磷肥 100～150 kg。

（4）栽植及定干。栽植时，先在挖好的并浇水沉穴的大穴内，挖 20～40 cm 见方的小坑，放入苗木，使根系伸展开，埋土至苗木在圃中原来留下的土印处。轻提苗后，踏实。修好树盘，浇水。再覆松土，不可深埋死砸。在苗木 60～80 cm 处及时定干，定干选择 60～80 cm 处的饱满芽的上方剪除，剪口下留有 5～7 个饱满芽。

四、苹果树的整形与修剪

苹果树的整形与修剪就是为了调整苹果树生长与结果的关系，促进花芽形成，实现早果早丰，稳产高产，提高效益。整形与修剪一般在夏季和冬季进行，其技术要点如下。

1. 苹果树的夏季修剪

苹果树夏季修剪的目的，是提早促进苹果树的树冠成形和结果。苹果树的夏季修剪苹果树生产管理的重要技术。特别在现代密植园的管理中，夏季修剪的作用与冬季修剪的作用同等重要。夏季修剪的技术包括疏枝、环割和环剥、拉枝、弯枝、圈枝、别枝、捋枝、摘心和扭梢等技术。

（1）疏除枝梢。苹果树，在生长期主要疏除冠内影响光照的徒长枝、背上枝组上的强旺枝、轮生枝及过细过密的纤细枝，外围过多、过强的枝条等。

（2）环割环剥。环割的目的是为了提高苹果树萌芽力和枝条的抽生能力，可在枝干上芽眼的上方 1~2 cm 处用刀具环绕枝干刻伤。环剥的目的是为了促进花芽的形成，即在枝干上的芽眼上方 2~3 cm 处环剥（环刻或环割）。环剥可提高枝干光秃处的发芽抽枝率，同时，还可促使幼旺树形成花芽。环割环剥的时间，在 5 月下旬至 6 月中旬进行。环剥宽度一般为枝径的 1/8~1/10，环剥主要在辅养枝上进行，加密植株，也可在主干上进行，环剥的伤口 20~25 天即可愈合。对少数营养生长过强，结果较少的枝或树，可于 5 月下旬至 7 月上旬进行环剥或环割。弱树、弱枝和立地条件差的果园不宜采用此法。环割应为闭合环，一般 2~3 道，间隔 2~4 cm。环剥宽度以枝干粗度（直径）的 1/10 为宜。剥环闭合，一般不留连筋，应慎重使用大扒皮和宽幅环剥。

（3）拉枝拉梢。即用绳子向下拉枝或枝梢包括开张主枝与中心干的角度，侧枝与主枝的平面夹角和与中心干的开张度。也包括开张大辅养枝的角度等。主枝的角度一般为 60° 左右，侧枝大于主枝角度，与主枝的夹角为 45° 左右。

（4）弯圈枝梢。弯圈枝梢的作用是促进枝梢缓慢生长和提早结果，即在生长期，7 月上旬至 8 月下旬人工对当年抽生的枝条进行弯曲或把枝梢弯曲成圈圈。该技术主要是对一年生新梢的生长角度和生长方向的改变，从而缓和枝势，引枝向空间处生长，达到枝冠圆满，树势缓和、提早结果的目的。

（5）捋枝扭梢。捋枝扭梢的作用是促进树冠枝梢圆满，提早开花结果。捋枝即自枝条的基部向外，轻伤枝条，做到伤枝而不断。扭梢是将枝梢180°扭转下弯，有利枝梢先端成花。对骨干枝背上和先端萌生新梢，除延长枝侧生平斜枝外，对中庸枝进行扭梢，对特别强旺的新梢也可进行重短截，促使短枝形成枝组；摘心在5月中旬至9月初进行，扭梢只能在新梢长 15～20 cm 时进行。

2. 苹果树的冬季修剪

苹果树冬季修剪的目的是，平衡树势，使果树生长与结果两不误。

（1）苹果树的冬剪时间。一般在1月上旬至3月上旬为宜。一般壮树发芽较早，要适当早剪，弱树则应晚剪；成年树宜早剪，初龄树晚剪；病虫危害的树晚剪。苹果树修剪坚持"三稀三密"的原则，上部稀下部密，外围稀内膛密，大枝稀小枝密。

（2）苹果树的冬季整形。苹果树的树形，乔砧大冠稀植的主要树形是主干疏层形。随着矮化密植栽培方式的推进，树形也相应地在改动或改变。生产中的树形主要有小冠疏层形，这种树形方便管理。

（3）苹果树的冬季修剪。苹果树的修剪分别是，第一是幼树期，一般栽植后1～5年内，其主要任务是完成树形，为丰产打下基础。即栽植后定干：比要求干高多留8～12个饱满芽。生长季节，对竞争枝、夹皮枝采取摘心、扭梢、弯枝等各种措施，控制其长势。在冬剪时，按照栽植的不同密度确定要整成的树形，选方位，长势合适的枝作为骨干枝，并在壮芽处剪留需要的长度。注意剪口芽的方位和出侧枝的芽向。既要保持全树各部分的平衡，又要注意从属关系，使树形圆满，骨架比较牢固，为丰产打下良好的基础。结果期要控制花量，特别是短枝型品种，每年必须有一定的长枝数量，外围枝长度不应少于30 cm。每个大型枝组必须有具二次生长能力的发育枝着生。中型枝组必须保证有长 25～30 cm 的枝条1～3条，防止树体过早衰老。冬剪时的花芽留量，以国光为例，只能占总芽眼数的15%～25%。短枝型品种花芽与叶芽比以 1∶2 为宜。当树冠将要交接时，短长枝不再短截，空间较大时，可缓放枝头，让其成花，以果压冠。修剪时要抬高枝的角度，收缩下垂枝、重缩冗长枝，疏除细弱过密枝，选壮枝、壮芽短截，促生新梢。

五、苹果树的果实套袋

苹果树套袋的目的：第一是果实着色艳丽。果实套袋可明显提高果实着色，可达全红果，果面光洁美观，无果锈，外观好；第二是减少病虫害和保障果实优良品质。即果实套袋后，果实与外界隔离，病菌、害虫不能入侵，可有效地防治轮纹病、煤污病。斑点落叶病、痘斑病、桃小食心虫、梨春坤等病虫的危害，第三是果园丰产丰收，提高收益。

1. 袋种选择

不同色泽的品种应选用不同的果袋。一般红色品种选择外黄白色、内黑色的双层袋；黄色品种选择具有一定透光性的黄色袋；绿色品种以白色袋为主，可用报纸袋代替；所有品种均可用塑料袋。

2. 果实选择

一般选择一年生枝基部直径大于 0.58 mm，上部直径大于 0.35 mm，且枝条呈暗紫红、褐色、暗褐色，色泽中深或深暗，上有绒毛或绒毛较多者为宜。套袋果最好留单果并使呈卜垂状态。这样的果个大且高桩，外观品质极佳。

3. 套袋时期

套袋时期最好在桃小产卵前期前及轮纹病侵染期前进行。一般红色和绿色品种应在落花后 10～40 天内完成，即疏果定果后越早越好；黄色品种和易感锈品种，为防止产生果锈或使果点变浅、变小，应在果锈发生前即在落花后 20 天内套袋。套袋前为防病菌侵染，应喷一次杀菌剂，50％甲基托布津 800 倍液、50％多菌灵 800 倍液均可。

4. 套袋方法

果实选定后先开袋口，托起袋底，使两底角张开，令袋膨起，手持袋下 2～3 cm 套上果实。注意不要用力触摸果面，防止人为造成的

"虎皮"果。然后从中间向两侧依次按"折扇"的方式折叠袋口，将铁丝撕开旋转90°，沿袋口旋转1周扎紧在袋口上沿下面2.5 cm处。果实在袋内应为悬空，防止袋体摩擦果面，以防日灼。

5. 解袋时期

一般黄绿色品种在采收时，可连袋一齐采下，装箱时再解袋。红色品种在采收前28～30天，先将外袋底口撕开，取出内衬黑袋，过10天后，再将外袋去除。一天之中于袋内外温差比较小时去袋。外围果在晴天上午10时前，下午4时后去袋；内膛果则在晴天下午4时后或阴天去袋最理想。

6. 套袋处理

如果是去袋销售的果实，在去袋后再喷一次杀菌剂。同时将果实上方及周围遮光的叶片去除，以促进着色。当果实阳面着色后，若阴面着色不足时，则需轻轻转果使阴面转向阳光照射方向，促进阴面着色。透明塑料袋可不解袋，带袋一块贮运，既可防水分散失，同时也防止果实相互摩擦。

六、苹果树的果实贴字

苹果果实贴字，是提高果实自身价值的很好方法，既美观又增加效益，很受人们的欢迎。贴字的果实，又叫字苹果，是艺术苹果；苹果树的果实贴字是集书法、简笔画、剪纸等艺术作品的一种自然表现方式，贴字艺术苹果的生产过程包括图案设计、遮光图案纸制作、绿色无公害果实套袋、果实摘袋、苹果筛选、图案粘贴、果实摘叶、果实转果、阳光照果、果实采收、图案摘除、选果、分级等多个复杂步骤。由于字画的笔墨部分遮挡了太阳光线，当果实采收时，红艳艳的苹果表面上，便晒制出金黄色的各式图案或书法作品。卡通动物、十二生肖栩栩如生，生动可爱，各体书法，清晰逼真，"福禄寿喜"寄托美好愿望，"吉祥如意"传达真挚情感，是增加效益、美化果实的重要方法。主要技术如下。

1. 苹果树的果实品种选择

要选择果个大、品质优良的红色品种，如元帅系品种和红富士系品种等进行贴字。在树势健壮的树上，选择树冠南部或西南部外围枝上的果面光洁、果形端正、无病虫为害的果实。选果要相对集中，以便贴字、管护及采收。

2. 苹果树的果实制作字模

字模载体选用一面带胶另一面不带胶的"即时贴"纸，其黏合力强，不怕日晒雨淋，使用比较方便。字模规格（大小）应依据果实大小确定，二者比例要协调，果实直径在 75 mm 左右的宜选用 40 mm × 60 mm 规格的字模；直径在 80～85 mm 的宜选用 45 mm × 60 mm 规格的字模。字模一般是一果一字，内容可根据需要确定，除选用"福禄寿喜"等吉祥喜庆的字外，还可制作符合时事潮流的宣传、时尚用语。字体应选择字体粗实庄重、图案清晰大方的艺术字或正楷字，尽量不用笔画细、连笔多的行书及草体字。字体、内容及规格确定之后，用微机刻字，数量少时也可手工刻字，特别要注意笔画之间尽可能相连，以便于贴字。

3. 苹果树的果实贴字时间

在套袋的苹果果实除袋后喷 1 次杀菌剂，在果面药液干后即可贴字，宜早不宜迟，应在去袋后 2 天以内贴完。套塑膜袋果实贴字时间宜在果实着色始期。不套袋苹果在果面颜色由青变黄后进行，一般中熟品种在 7 月中下旬，晚熟品种在 8 月中下旬。晴天贴字应在早上（露水干后）或傍晚进行，要避开中午高温时段，以免引起果实日灼。

4. 苹果树的果实贴字方法

贴字时用小刀将"即时贴"双层纸从中剥开，把有色纸（字样或图案）揭下轻轻贴在选好的果实向阳面，一果一字。膜袋果隔膜贴字，袋大时要将膜袋折叠绑紧压在字模下面。有色膜或透明度不高的膜袋果贴字时，将膜袋底边撕开，把字模粘贴于果面后，再将膜袋翻下。

5. 苹果树的果实贴果管理

苹果树果实贴果后，为促进果实着色，提高贴字果工艺价值，一定要加强技术管理，才能实现理想的美化果实的目的。

（1）合理施肥。对贴字的苹果树果园，应多施有机肥料，达到每生产 1 kg 的果实，要施 1 ~ 2 kg 肥的标准。适当减少氮肥施用量，增施磷钾肥。在果实着色期，每 7 ~ 10 天喷 1 次 0.3% ~ 0.5% 的磷酸二氢钾液肥。

（2）摘叶转果。果实贴字后，分 2 次摘除果实周围遮阴和贴果叶片，第 1 次摘除果实周围 5 ~ 10 cm 范围内的叶片，4 ~ 5 天后第 2 次摘叶，适度摘除一些新梢中下部叶片，使果实充分浴光，两次摘叶量控制在全树总叶量的 15% ~ 30%。套袋果在除内袋后间隔 6 ~ 10 个晴天进行转果，膜袋果及未套袋果在阳面充分着色后转果，使果实阴面转向阳面，增大果实着色面积。

（3）铺反光膜。当果实着色期在树冠投影外缘向内铺设银色反光膜，促进果实萼洼部位着色。

（4）喷增色剂。在采收前 40 天、30 天、20 天各喷 1 次 1 500 ~ 2 000 倍的增红剂 1 号液；或者在花期、果实着色期各喷 1 次 500 mg/kg 的稀土微肥，均可增进果实着色。

（5）晚采包袋。贴字果适当晚采，不仅可增大果个，而且能促进着色。采收时，将字样相同或者多字匹配成组的果实，按照果个大小、着色面积分级，然后将果面的"即时贴"字模揭下，经洗果涂蜡处理后装箱出售，包装箱宜小型化，最好使用专门设计的精品包装箱，以提高其商品价值。

七、苹果树的肥水管理

苹果树的施肥浇水管理技术，是苹果树生产管理中的重要一环，加强肥水管理可以提高苹果树的产量和果实的品质，更能提高苹果树的抗旱抗寒能力，减少病虫害的发生和危害，促进苹果树的健壮生长。

1. 适时浇水

丰产园有浇水条件的，要在发芽前、开花前、开花后浇三遍水。一般果园着重浇上花后水。落花后半月，是苹果需水的临界期，土壤干旱会使幼果大量脱落。落果重的秋花皮、元帅等品种，对水分极敏感。过多、过少都不利。对这类品种视具体情况浇小水或不浇花后水，避免水分猛增而导致大量落果。国光、甜香蕉、青香蕉、金冠等，浇水的作用促进幼果稳定生长，所以要浇花后水。

2. 花后追肥

花后追肥是补充营养物质、促进果实发育的关键。追肥数量一般是以株产 200 kg 结果树为例，一次可追人粪尿15 ~ 20 kg；或尿素 0.7 kg，过磷酸钙 0.5 kg，硫酸钾 0.1 kg；或磷酸二铵 1 ~ 1.5 kg。

3. 覆盖地膜，覆草保墒

春季，2 ~ 5 月，苹果树果园浇水后，为了保水保墒，应该立即盖上地膜或覆上 10 cm 厚的细碎的草或各种秸秆，可涵养水分，防止干旱，保持墒情。

4. 苹果树的中耕除草

在雨季来临之前，及时对果园全部进行中耕松土，深度一般为 10 ~ 15 cm。晒透耕层，既可消灭杂草，又利于土壤疏松透气。6 月上旬，苗砧于 20 cm 处摘心，然后追施优质有机肥。一般以饼肥为好。亩追饼肥 150 kg 以上，行间开沟施入。锄松圃地，使根系发达，苗茎加粗。

八、苹果树的主要病虫害发生与防治

1. 苹果树白粉病的发生与防治

（1）苹果树白粉病的发生。白粉病主要为害实生嫩苗，大树芽、梢、嫩叶，也为害花及幼果。病部满布白粉是此病的主要特征。幼苗被害，叶片及苹果白粉病病叶嫩茎上产生灰白色斑块，发病严重时叶片萎缩、卷曲、变褐、枯死，后期病部长出密集的小黑点。幼果被害，果顶产生白粉斑，后形成锈斑。

（2）苹果白粉病的防治。初春，2 月到 3 月下旬，及时进行摘除病芽、病梢，刮除病斑，并对病斑刮除处喷施硫酸铜、福美砷或石硫合剂等保护性药剂。在发病初期使用药剂以 15% 三唑酮 1 000 ~ 1 500 倍液、70% 甲基托布津 1 000 倍液进行防治效果最好，其次用 40% 福美砷 500 倍液、波美 0.3 ~ 0.5 度石硫合剂效果较好；最后，喷布 0.1% 双苯三唑醇等药剂的防治效果也很好。

2. 苹果树腐烂病的发生与防治

（1）苹果树腐烂病的发生。苹果树腐烂病，又名臭皮病、烂皮病、串皮病，是苹果树受害较严重的病害之一。苹果树枝干受害，病斑有溃疡和枝枯两种类型。溃疡型的病部呈红褐色，水渍状，略隆起，病部组织松软腐烂，常流出黄褐色汁液，有酒糟味。

（2）苹果树腐烂病的防治。对枝干上的病斑、菌瘤等，精心刮除，刮除时，要求横向刮 1 cm，纵向多刮除 3 cm 好皮，然后使用原液进行均匀涂抹，病情严重时，间隔 7 天左右再涂抹一次，剪口锯口处理成光滑平面后，直接涂抹即可。在病害高发期，可用溃腐灵按 50～100 倍液稀释喷施主干和枝干，可收到理想效果。

3. 苹果树苹小卷叶蛾的发生与防治

（1）苹果树苹小卷叶蛾的发生。苹小卷叶蛾是苹果树的主要害虫之一。目前，它在果园内发生普遍，危害严重，而且呈逐年加重趋势。苹小卷叶蛾一年发生 2～3 代，以幼虫在枝干皮缝、剪锯口等处越冬。春季果树萌芽时出蛰，危害新芽、嫩叶、花蕾，坐果后在两果靠近处啃食果皮，形成疤果、凹痕，严重影响果实的品质。

（2）苹果树苹小卷叶蛾的防治。苹小卷叶蛾。在 7 月初第一代幼虫开始孵化，也是危害叶片和啃食果皮的盛期，有效防治技术是：其成虫昼伏夜出，有趋光性，对糖醋的趋味性很强，可以诱杀，可配制糖∶醋∶水为 5∶20∶80 份的糖醋液诱杀。喷药时间应掌握在第一代卵孵化盛期及低龄幼虫期。或喷布 95% 的敌百虫 1 000～2 000 倍液，或 50% 敌敌虫 800～1 000 倍液；注意不要在坐果前后使用，以免发生药害。

九、苹果树果实的采收与贮藏

苹果树果实的采收，既是果树一个生长季生产工作的结束，又是贮藏、运输、销售工作的开始。采收不当，可直接影响果品的产量、质量、产值及贮藏性。采收过早，产量低，品质差，耐贮性也差。采收过晚，果肉松软，贮藏性降低，对树体的消耗也多，影响树体的越冬能力及翌年产量。只有适时采收，才能获得产量高、质量好、耐贮性强、产值高的果实。

1. 苹果树果实的采收

（1）适时采收。当果实表皮有蜡质和芳香气味时，即可采收。

（2）采收方法。以人工采收为主。采收时要防止碰伤果实，采收时应按先下后上，要先采外围后采内膛，先下层后上层。双手同时采摘，一手握枝，一手向侧面推动果实，防止果柄脱落，防止碰压、刺伤、擦伤果实。

2. 苹果树果实的贮藏

（1）清扫果库。苹果果实入库前必须对果库进行认真清扫，并将杂物、垃圾等清理出库外，然后用1%的福尔马林溶液喷雾消毒或用硫黄熏蒸2~3天（每立方米用10 g硫黄）。苹果入库时，应先适当通风。

（2）细心入库。将精选果实放入田间土沟或庭院背光处盖好预冷，准备入库。千万记住，刚采摘下来的苹果一定不能急于入库，因为这时的果实生命活动旺盛，放出的热量较多，此时入库影响贮藏效果。

（3）果库管理。苹果果库的管理主要是温度、湿度的调控。苹果贮藏的适宜温度为0~2 ℃，相对湿度为80%~90%。所以，在苹果入库或入窖初期要勤检查，如果温度偏高，要及时调整制冷设备或采用自然通风降温。自然通风的降温时间要选在天亮前，这时外界气温低，容易降温。

（4）分级销售。贮藏的苹果果实在销售前最好按规格分级装箱，不要混装。混装看似简化了一点程序，但收入会明显减少。

第九章　梨树的丰产栽培技术

梨树,其果实营养价值很高,含有多种维生素和营养物质。果实多汁、味道香甜且耐贮藏,除生食外还可制梨酒、梨膏、梨醋、梨干及各种罐头等,是大众喜爱的落叶乔木果树。

梨树耐旱涝、耐盐碱、耐寒、耐瘠薄,不论山区、平原、沙荒都能生长栽植。其主干在幼树期树皮光滑,树龄增大后树皮变粗,纵裂或剥落。嫩枝无毛或具有茸毛,后脱落;2 年生以上枝灰黄色乃至紫褐色。同时,梨树对土壤、气候等条件要求不严,根深,萌芽力强,寿命可达 200年以上。梨树栽植后 3～4 年结果,7～8 年后进入盛果期。采用矮、密、早的配套栽培技术,3～5 年可获得丰产。梨是高产型果树,最高亩产量可达到万公斤以上,是林农果农发展经济的重要果树树种。

一、梨树的主要优良品种

梨的栽培品种较多。南方以栽培喜欢温暖、耐高湿度的沙梨系统品种为主;北方则以白梨系统、秋子梨系统为主。

1. 幸水梨品种

该品种树势强,成形快,适宜稀植。果实近圆形,稍扁,单果重250～300 g,果皮黄绿色,每亩产量 1 500～2 000 kg,是丰产性品种。皮薄,肉质脆嫩,汁多味甜微香,果心极小,可食率高,几乎无渣,口感极好,品质优良。

2. 丰水梨品种

该品种树势中等,适合早期密植。果实近圆形,单果重 350～400g,果皮红褐色,每亩产量 2 500～3 000 kg,为大果丰产品种。皮薄,肉质嫩软,汁多味甜,果心较小,石细胞少,口感好,品质上等。

3. 新水梨品种

该品种树势中等,适于密植。果实圆形,红褐色,单果重 200～250

kg,每亩产量 1 200~1 500 kg。皮薄,肉质细嫩,味浓甜,果心中大,有少量石细胞,口感好,品质上等。

4. 二十世纪梨品种

二十世纪梨,又名水晶梨。该品种原产于日本千叶县。树势中等,适于早期密植。果实圆形,黄绿色,青梨代表品种,单果重 250~300 g,每亩产量 2 500~3 000 kg,丰产性强。皮薄,肉质脆,汁多味甜,果心中大,有少量石细胞,口感好,品质上等。在湖南 3 月底到 4 月初开花,生育期 130 天,8 月上中旬成熟,为中熟品种。新兴、今村秋、黄花可以作其授粉树。该品种在栽培过程中,果实易感黑斑病,宜采用套袋技术,套袋后果面更光洁。

二、梨树的优良品种苗木培育

梨树苗木的繁殖方法一般为嫁接,嫁接用的砧木有棠梨、杜梨和豆梨等。砧木可利用野生棠梨、杜梨和豆梨的根蘖苗,也可通过培育实生苗作砧木。

1. 种子的采收与贮藏

(1)种子采收。秋季,9~10 月上旬,当野生棠梨、杜梨等果实充分成熟时,及时进行采种,采下的果实经过 7~10 天的堆积发酵后取出种子,用清水洗净在背阴处晾干。

(2)种子贮藏。落叶后,12 月份,种子的冬藏,当年成苗需在 2 月底 3 月初播种,大粒的杜梨,秋子梨种或其他梨树共砧的种子,后熟期在 80 天以上,沙藏的时间需在小雪前后进行。而小粒的杜梨、棠梨种子可按常规育苗进行,种子的后熟期为 60 天左右,那么冬藏的时间可推迟到元月份进行,但一般是以大雪前后冬藏种子。先将种子用清水浸泡吸足水后,与 10~15 倍的干净湿沙混合,放入木箱、花盆或贮藏沟内冬藏。贮藏期间视天气温度状况变化,增减覆土和覆盖的杂物,温度保持在 0~5 ℃,空气相对湿度保持在 50%~70%,当贮藏的种子开始萌动露白尖,即可播种。

2. 良种苗圃地的整理

苗圃地应选择在地势平坦、土壤肥沃、排水良好和便于灌溉的地方。冬季进行施肥,每亩施基肥500~1 000 kg,同时要深耕、细耙,开春解冻后,立即打畦。畦长8~10 m,畦埂宽30~35 cm,高10~12 cm,并将畦埂踏实、拍平。

3. 处理后的种子播种

播种一般在3月中旬开始,如采用杜梨,棠梨种子时,当年即可生长为成苗,播种期可稍晚。种子催芽后,开深2~2.5 cm的浅沟,浇上底墒水,种子混入5~10倍的沙子,进行条播,覆土1.5 cm。为防止种子落干,顺行培高3~4 cm的小垄,5天后种子定橛,推平小垄,幼苗顺利出土,一般采取条播,每畦播2行,播后覆土一指。若土壤干旱,可先浇水而后播种,每亩播种量2.5~3 kg。

4. 品种梨树苗木的嫁接

(1)采集良种。梨树良种接穗,一定要选择良种母树植株。当地有接穗的可随采随用,外地调来的接穗或贮藏后的接穗,嫁接前先用清水浸吸12~24小时后,再进行嫁接。接穗一般长12~18 cm,粗0.7 cm以上。大辅养枝上可嫁接长条(25~30 cm)或直径3 cm左右的2~3年生带花枝段,当年即可开花、结果。

(2)嫁接苗木。①芽接方法。当培育的杜梨或棠梨砧木苗在夏季新梢停止生长,皮层容易剥开时进行。在7月中旬至9月中旬,先用芽接刀将接穗割成方形芽片,长1.2~1.5 cm、宽1.0~1.2 cm,芽的上部约占2/5,下部占3/5,然后迅速在砧木距地面5~10 cm高处的光滑面,用刀割成"T"形,深达木质部,再用刀尖轻轻将皮部向左右拨开,将芽片插入,用麻或塑膜把伤口扎好,松紧要适度。嫁接后12~15天即可检查成活率并解塑膜,凡是芽片具新鲜状态的,手触叶柄即脱落为成活芽;反之为没有成活,要及时补接。接芽成活后一般不萌发,第二年3月上旬发芽前将接芽以上的砧木剪去,3月下旬至4月上旬砧木上萌生的一切萌蘖应及时除去,促进嫁接芽根健壮生长。②枝接方法。在春季2~3月进行,把砧木自地面以上3~5 cm处剪断,用刀将砧木垂直劈开,深约3 cm。再将接穗下端削成楔形,每个接穗带2~3个芽即可。接穗削好后立即插入砧木切口,二者的形成层要对准,然后用塑料条绑缚、盖土。接穗成活发芽后,轻轻将培土扒开,选留一个旺盛的新梢培养成幼苗,将多余的芽条及早除去。当梨苗长到1～1.2 m时,可出圃栽植或销售。③劈接方法:适用于粗大枝的高接。先劈口后,插入削面长5～7 cm,光滑无刺、呈楔形的接穗。要求两者形成层对齐,密合,削面上部露白。若砧枝粗,可劈成"十"字状嫁接口,嫁接4根接穗。接后用塑料条绑紧包严,或再套上塑料袋,有利保湿成活。④切腹接方法。多在直径2 cm以下的枝段上进行。先剪断砧木,在剪口下斜切一个2～3 cm长的切口,深达木质部1/3左右。接穗削成一个长斜面,一个短斜面。长斜面长度与砧木切口相同,然后将削好的接穗插入切口,用塑料条绑扎严实。

(3)接后管理。

第一,抹砧萌芽。要及时进行2～3次抹萌芽,即抹去除嫁接芽外的芽子,有利嫁接芽的萌发和生长,减少养分消耗。

第二,梨树绑梢。5月,梨树的嫁接苗梢长到25～30 cm时,设立支杆,横拉细铁丝或尼龙绳等支架物,绑扎新苗梢,防止大风从接芽处劈裂接梢和折断苗梢。

第三,新梢摘心。成年园对发育枝进行摘心,主要是控制过度的加长生长,保持良好的行间和枝层间的光照条件。幼龄果园或初果期的果园,对强枝摘心,可分散极性生长,增加短枝数量,提早转化为结果枝组结果。对延长枝摘心后可产生分枝及早选出骨干枝成形。对背上枝摘心处理后,可将极不稳定的背上枝稳下来,冬剪时则可留用,同时疏除密梢。

5. 良种苗木的出圃

入冬后,10月下旬苗木落叶后,可进行苗木的出圃。苗木以随出圃、随栽植成活率高。因此,不是需要外调或冬植的苗木,一般留在圃内原地越冬。2～3月,出圃的苗木,人工起苗时,铁锹或洋镐要远离苗木,深挖宽刨,保护好根系,防止劈裂。分级后,20～50株一捆,立即进行假植或包装,防止风干或失水,做到随起苗木时栽植,成活率高。

三、梨树的栽植建园

梨树适应性强,可上山下滩,耐碱、抗湿,适栽面大。为获得早产、高产,应适地建园,并且做好土壤改良、施足基肥等基础工作。山地着重修建水平梯田、筑埂等水土保持工作。沙滩地挖穴后换上好土;涝洼地宜先筑台田,开挖出排水沟等做好建立梨树果园的准备。

1. 栽植准备

早春,2 月下旬,土层逐渐开冻后,山地果园的树下可进行压土、修筑地堰等水土保持工作。开冻后及早进行果园春耕或春刨,深度以15 ~ 20 cm 为宜。年前没有施入基肥的园片,可结合春耕施基肥。

新建的梨园要抓紧完成栽植沟或栽植穴的开挖工作。及时将有机肥料填于沟、穴内,栽植前半月浇水沉墒。

2. 栽植苗木

梨树的栽植品种应与栽植方式相吻合。如晚三吉梨树等可用高密度的带状栽培方式。茌梨、大香水梨、鸭梨、长把梨等,宜用小密度和计划性密植栽培方式。同时考虑增加晚熟品种、极晚熟品种的栽植比例,并配以合适的授粉品种。10 月下旬和冬季栽植的梨树,要立即浇足水,封好穴,然后树盘培土,同时剪去多余的枝干,可以提高成活率。

(1)栽植梨树。春季,3 月上旬,发芽前栽植的梨树成活率较高。梨树的自花结果率多数很低,因此建园栽植时不可单栽一个品种,必须配备一定比例的授粉品种。一般是安排几个优良品种相互授粉,如鸭梨与茌梨、大香水梨、锦丰梨相配植;茌梨与大香水梨、秋白梨、恩梨相配植,长把梨与大香水梨、锦丰梨、晚三吉梨相配植,幸水梨与祇圆梨、二宫白梨、新水梨、丰水梨相配植;白酥梨与黄梨、中香梨、雪花梨相配植;巴梨与伏茄梨、三季梨、茄梨相配植。

(2)授粉树的配置。授粉品种树的安排比例有等量安排和差量安排之分。主栽品种与授粉品种的比例 1∶1 为等量安排;2∶1 或 4∶1 时为差量安排。具体栽植时,一般按栽植行配植,即栽 1 行或几行主栽品种配植 1 行或几行授粉品种。注意一个园子内品种不可过多,以不超过 3 个品种为宜。

(3)苗木的选择。栽植的苗木必须品种纯,苗茎健壮,根系发达。栽植时,要将受伤大根剪平断口,在回填后栽植穴的中央挖小坑,放上苗子,要求根系四面舒展。填上细土 10 ~ 15 cm,轻轻摆动苗干并略上提,再填土。然后扶直苗干并踏实,修好土盆,浇透水,水渗后覆土,其苗木栽植的深度以苗圃中的土印为度。最后在树盘覆 10~20 cm 碎草或 1 m 见方的地膜,以保持湿度,防止干旱,有利苗木成活和生长。

(4)梨园的建立。梨树苗木栽植后离地面 50~70 cm 定干。对剪口下的整形带内的 5~8 个饱满芽,套上用地膜制作的保护袋,待萌发至 5~10 cm 时,开顶孔透气。开挖深 80 cm、长宽为 1 m 见方的栽植坑,或宽 1 m 的栽植沟。每亩施入农家肥 3 000~5 000 kg,磷肥 100~200 kg,并与土混合填于沟内。通常采用的株行距为 2 m×4 m,亩栽 83 株左右;或 2 m×3 m,亩栽 112 株左右。结果后隔行间伐一行为 4 m×3 m,亩留 56 株左右,或 4 m×4 m,亩留 41 株左右。高密度的栽植常有 1 m×1 m×3 m 或 1 m×1 m×4 m 的双带状密植栽植方式。平原地、土壤肥沃地建园,栽植大冠形的茌梨,苹香型、鸭梨等品种,株行距以 4 m×5 m 或 4 m×6 m 为宜。晚三吉梨、巴梨等品种,适宜密植栽培。

(5)高度密植园。计划建立高度密植园加密栽植的植株,可将粗壮的苗干拉弯,使梢部呈水平状,下行截干。这样做有利多生短枝,提早结果。

四、梨树的修剪管理

梨树的修剪的目的是,通过人为的整枝、修剪、疏导和协调,将其培养成有利于高产、稳产、优质的树形;根据树体的不同年龄时期进行具体修剪,比如短截、回缩、训芽等;对树体整形修剪,可提高其产量与品质;梨树一般在冬季进行修剪。

1. 梨树的生长结果特性

梨树的多数品种树体高大,生长强健,干性强,顶端优势明显,层形分明。梨寿命长,结果能力很强,盛果年限一般在 25~60 年。梨树的发育枝着生多为叶芽。多数品种萌芽力较强,但成枝力较弱,通常只顶端 2~3 芽抽生中长枝,下部各芽多形成短枝或叶丛枝。所抽生的中短枝和叶丛枝,如果当年营养条件好,顶芽可分化为花芽,成为结果枝,第二年开花结果。梨树的花芽又是混合芽,花芽开放后能抽枝发叶。通常在花芽萌发后,先生出一段短枝,在短枝上簇生 3~5 个叶片,其顶端着生花序开花结果。着生花序的部位,随着果实的生长而逐渐肥大,这个肥大部分叫做"果台"。果台的叶腋间抽生的小枝叫"果台枝"。果台枝的顶芽如管理条件好可连续形成花芽,3~5年后就会形成由几个较短的果枝聚合而成的短果枝群。短果枝群的结果能力较强,而且稳定,可调节为轮换结果,以保持其健壮性。

2. 梨树的整形

梨的多数品种极性强,干性层形明显,其树形主要用主干疏层形。山岭梯田栽植的梨树,可采用挺身开心形。密植园采用主干圆柱形即可。

3. 梨树的修剪

梨的大部分品种,以短果枝及短果枝群结果为主。结果树修剪的重点是培育健壮的结果枝组,调节结果与生长的平衡。疏除枝间距离、更新结果枝群,保持健壮、稳定的树势。

4. 梨树的修剪方法

要科学进行梨树修剪,就必须掌握这几个原则。即"有形不死,无形不乱,因树修剪,随树作形""统筹兼顾,长远规划,均衡树势,从属分明""以轻为主,轻重结合,灵活掌握""抑强扶弱,正确促控,合理用光,枝组健壮"。要有利于健壮树势,有利于提早结果,有利于丰产稳产,有利于生产优质果品,有利于梨园长期的经济效益,并能适应当地的环境条件。在以上原则基础上,还必须依据下列因素,即做到"五个依据"才能发挥修剪的应有作用。

五、梨树生长期的管理

1. 梨树的疏花技术

春季,4月上旬为花序分离期,将较弱较多的花序疏去,留下叶片及枝梢。对留下的花序可疏除中心花,留2~3朵边花。疏花的目的是集中营养,有利坐果。在疏除了的花序上当年可形成花芽,称之为"以花换花"。

2. 梨树的疏果技术

疏果的时间一般在5月份,即落花后的10~15天开始。由于梨树落果较轻,一般只疏一次果即定果。疏果过晚,错过幼果细胞分裂期和花芽生理分化期,当年梨果个头小、产量低、品质差,次年花量减少而成为小年,达不到疏果的目的。树上留多少果合适,应视各方面的条件。疏果时应掌握:弱树、花密树宜早疏、狠疏,旺树晚疏、少疏或不疏;内膛弱枝多疏,一般5~6个矮枝留一个果;外围强枝多留果,一个短枝一个果。幼旺树,一个强枝留2个果,弱枝留单果,少留或不留空果台;弱树要留空台,空台与着果台的比为3:1或4:1即可。疏果时首先疏去畸形果、虫害果。发现梨实蜂为害的幼果要及时疏除,要拾净树下梨虎为害的幼果,一起压碎或深埋,减少虫害的发生。

3. 梨树促花技术措施

初夏6月份,对高度密植园或计划加密的植株,为促进花芽分化,提早结果,自5月下旬开始,实行人工促花措施。干周粗度达13 cm以上的树,进行主干环剥或主干倒贴皮处理。对一般栽植方式的梨树,则主要进行大辅养枝的环剥促花处理。环剥宽度是被剥枝径的1/8~1/10,以20~25天愈合为好。环剥口要加以保护,环剥后3~5天,涂以敌百虫500倍液,可毒杀啃食愈合组织的螟蛾类幼虫。倒贴皮处理的树干,外围用塑料布包严。

六、梨树果实的套袋

梨果实套袋,可减少病虫危害,减少农药污染,改善果实外观质量,使果面细嫩光洁、肉细汁多,因此深受广大消费者的喜爱。且售价较高,提高了单位经济效益。梨套袋技术如下。

1. 套袋的技术方法

套袋时先将手伸进袋中,使袋膨起来,托起袋底,使两底角的通气放水孔张开,手持袋口下2~3 cm处,套上果实,从中间向两侧依次折叠袋口,然后于袋口下方2.5 cm处用纸袋自带铁丝绑紧。果实袋应捆绑在近果台的果柄上部,注意应将梨果置于袋中央部位,使之悬空,以防止纸袋摩擦果面而形成锈斑。绑口时千万不要把袋口绑成喇叭状,以免积存药液流入袋内,引起药害。每花序套1个果,1果1袋。

2. 采前除去果袋

梨果套袋后比不套袋梨果含糖量有所下降,采前除袋在一定程度上虽可增加果实的含糖量,但效果不甚明显,反而对果点和果皮颜色有较大影响,所以采前除袋降低了套袋改善果实外观品质的效果。因此,对于不需要着色的品种应带袋采收,等到分级时除袋,这样可以防止果实失水、碰伤和果面的污染。对于在果实成熟期需要着色的品种如红皮梨,套袋一般用双层袋,应在采收前2~3星期除袋,为防止日灼可先除外袋,内袋过2~3个晴天后再除掉,去除内袋后红皮梨很快着色,外观更加漂亮。

七、梨树的肥水管理

1. 圃地追肥

春季,3月份,梨树的生长规律为一次性生长节奏明显,停长较早。所以前期肥水要跟上。嫁接苗此期每亩追尿素20 kg或磷酸二铵25 kg,或碳酸氢铵50 kg。追肥后要及时浇水。

2. 果园追肥

(1)结合施基肥进行追肥。在冬季没有施入基肥的果园,在2月底3月初抓紧施入,每亩施入4 500 kg的农家肥,200 kg的复合肥。宜采用辐射状窄沟施肥法,即以树干为中心,顺枝展的四周方向,挖3~5道宽30 cm,呈辐射状的施肥沟。树干基部浅些,一般15~20 cm,树梢部深50~60 cm。这种施肥法伤根少,肥料利用率高,有利于近干处根系的发育。5月上旬再次施入速效氮肥一次。其方法是将基肥施入沟的中下部,速效氮肥施入施肥沟的中上部。施肥深度掌握为尿素10 cm左右,磷酸氢铵20 cm左右。

(2)追施梨树花蕾肥。在花前20天,一般在3月底至4月初进行。追肥以氮肥为主,追施量占全年用氮量的20%~30%。一般株产200 kg的树株,追施尿素1 kg,或硫酸铵1.5 kg,或碳酸氢铵2~3 kg,或复合肥1.5~2 kg。这次追肥对于增进花期的营养水平,增强树势,提高坐果能力,有明显的作用。

(3)秋施基肥。秋施基肥,基肥的施用量一般为亩产500 kg的梨园,株产150~250 kg为标准,基肥以农家肥100~200 kg,过磷酸钙2~3 kg,尿素0.5~0.7 kg或硫酸铵1~1.5 kg,混合后施入、埋实。然后浇一次透水即可。密植梨树园在大量结果前,可暂时不必施基肥(建园时必须施入大量的基肥)。大量成花后,秋基肥一次需施入5 000 kg以上农家肥,并混入100~200 kg磷肥,标准氮肥15~20 kg。山岭薄地的小幼树,2~3年后,可株施基肥20~25 kg,尿素20~50 g。以后年年扩展栽植穴,第一年在行间沿栽植穴边扩施,下一年则在株间沿栽植穴扩施,深度50~60 cm,逐年扩展并逐年深翻。

八、梨树的主要病虫害发生与防治

1. 梨黑星病的发生与防治

梨黑星病,又称疮痂病,能危害果实、果柄、叶片、叶柄和新梢。一般在4月上、中旬发病。落叶后或3月上旬,萌芽前用波美5度石硫合剂全园喷布消毒,连续喷布两次;4月初用福星喷药,以后每半月交替用药一次,替代药品有代森锰锌、百菌清、多菌灵等。或用速灭杀丁等菊酯类农药2 500倍液喷布即可。

2. 梨腐烂病的发生与防治

梨腐烂病,又名臭皮病、桐枯病等,主要危害骨干枝,当病斑环绕枝干时,引起整枝死亡。树势衰弱是发病的主要诱因,因此增强树势是重要环节,发病后刮除病斑,涂上果康保可治愈。在萌芽前用波美5度石硫合剂全园喷布消毒,连续喷布两次,效果显著。

3. 梨锈病的发生与防治

梨锈病,又名赤星病,主要危害叶片和新梢等幼嫩组织。桧柏是锈病孢子的寄主,所以锈病主要因桧柏而产生,特别是离梨园栽培区1.5~3.5 km范围内的桧柏关系最大。冬、春季全园消毒。3月下旬开始喷代森锰锌,以后用福美锌交替使用有较好防治效果。

4. 果潜皮细蛾的发生与防治

果潜皮细蛾,俗名串皮虫,属鳞翅目、细蛾科。1年发生1代。重点防治时期是越冬代成虫发生盛期,6月上、中旬施药,防止第一代幼虫蛀枝危害。可选药剂有50%对硫磷乳剂、50%杀螟松乳剂及80%敌敌畏乳剂。

5. 梨金缘吉丁的发生与防治

梨金缘吉丁,又名金吉丁、褐绿吉丁、梨吉丁虫、金缘金蛀,属鞘翅目、吉丁甲科。幼虫蛀食枝干枝皮和木质部,在蛀道内越冬,1~2年发生1代。4月下旬有成虫发生,盛期在5月下旬。防治措施有:增强树势,减少伤口,冬、春刮树皮,从5月上旬起每隔10~15天用90%敌百虫液喷洒主枝和树干,连续喷布2~3次即可。

6. 梨眼天牛的发生与防治

梨眼天牛,又名梨绿天牛、琉璃天牛,属鞘翅目、天牛科。成虫咬食叶背的主脉和基部的侧脉,幼虫蛀食枝梢木质部,2年发生1代。幼虫3月下旬开始活动,成虫最早出现在4月下旬或5月上旬。4月中、下旬喷50%杀螟松,6~7月喷洒50%敌敌畏,或于10月用药棉堵虫孔并泥封。

九、梨树果实的采收与贮藏

梨树果实的采收与贮藏是梨树管理的最后一环。梨果实成熟早晚不一致,如果采收不当,不仅产量降低,品质下降,耐贮性变差,甚至影响第二年产量。确定采收期可以从果皮色泽、果肉硬度、含糖量、果实脱落的难易程度及果实生育期等指标来进行综合判断。

1. 适时采收

梨果实采收时期的早晚,对产量、品质和贮藏性状有很大影响。采收过早,果实尚未充分成熟,个头小、产量低,品质低劣,不耐贮藏;采收过晚,成熟度过高,果肉衰老加快,不适合长途运输及长期贮藏。

2. 采收方法

梨果的采收目前仍主要是人工采摘,采收前要准备好采收工具。通常使用的工具有采果篮、采果袋、采果梯、果筐或纸箱等。果篮底及四周用软布及麻袋片铺好。盛果的筐篓底和四周要铺好蒲草包或草片等软物,决不可用光底篮装果。采果人员要剪短指甲或带线手套。摘果的顺序,应是先里后外,由下而上,既要避免碰掉果实,又要防止折断果枝。摘果时用手握住果实底部,拇指和食指提住果柄上部,向上一抬即摘下,摘双果时,要一手握住双果,另一手摘果,要注意保护果柄,不要生拉硬拽,抽掉果柄的果是等外果。篮筐内装果不宜太满,以免挤压或掉落。因梨果果肉脆嫩,很容易造成碰压、果肉褐变等伤害,因此采收过程中应加倍仔细操作,小心轻放,尽量避免擦伤等硬伤,保持果实完好。采收时间以晨露已干、天气晴朗的午前和下午 4 时以后为宜,这样可以最大限度地减少田间热。下雨、有雾或露水未干时不宜采收。因为果面附有水滴容易引起腐烂。必须在雨天摘果时,需将果实放在通风良好的场所,尽快晾干。为提高优质果率,可根据果实成熟情况进行分期采收。分期采收时,尤其要注意不要碰伤或碰掉留在树上的果实。

3. 贮藏方法

棚窖贮藏。棚窖宜建筑在地势高燥、排水良好、背风向阳的地方,走向以南北方向为宜。用于贮藏鸭梨的棚窖,一般深 1.3 m,宽 4 m,长度以贮果量和地形而定。建窖时,先根据棚窖的大小挖土,铲平窖壁和窖底。然后,在两端的窖壁和窖底上,挖一条深、宽各 15~20 cm 的通气沟。挖出的窖土,在棚窖边沿四周垒成高 0.5~1 m 高的土墙,南侧稍高,北侧略低,墙厚 40 cm 左右。窖顶架设木杆,其上铺盖厚度 20 cm 左右的秫秸或玉米秸秆,最后培覆约 20 cm 厚的土层。窖门向北开设,窖顶和露出地面以上的窖墙上,挖作方形、圆形或三角形的通风孔,以便冷空气进入窖内。通风孔的大小,一般为 20 cm × 20 cm。河北省贮藏鸭梨的棚窖,窖顶通气孔的大小一般为 40 cm × 40 cm。①预贮。采收时若气温和果温均高,需先行预贮降温,然后入窖贮藏。晚熟品种由于采收时气温和果温较低,一般不需进行预贮,可直接入窖贮藏。预贮时,宜在果园中高燥阴凉、通风良好的树荫下,筑成高出地面 10 cm、宽约 1.5 m 的果畦,畦长视地形和贮果量而定。畦面整平压实后,再铺上一层厚约 5 cm 的洁净细沙。果实入畦前,要把病虫果和碰压伤果剔除。然后,逐果插空摆在畦面上。摆果时,果柄要顺向一方并向下倾斜,以免果实间相互刺伤。摆果厚度一般为 10 层果高左右,畦中央果堆高 60~70 cm,整个果堆成尖圆形。堆好的果畦,白天要搭盖苫席,傍晚将苫席揭开,使果堆通风、降低果温。为提高降温效果,增加果堆内的湿度,预贮初期傍晚揭席通风时,可每隔 5 ~ 7 天向果堆喷一次清水。喷水量一般每米畦长 20 ~ 25 kg 即可。经过一个月左右的预贮,待旬平均气温下降到 15 ℃ 以下时,即可入窖贮藏。②果实入窖。经过预贮的中晚熟品种或适期采收的晚熟品种梨果,入窖贮藏前,都要将病虫果和碰压伤果剔除干净。窖底可铺一层厚约 5 cm 的干净细沙,铺沙前,通风道要先用秫秸覆盖好,以免被沙堵塞。窖内过于干燥时,可在沙层上适当喷水,提高窖内湿度。果实入窖贮藏时,要一层层地摆好。摆果高度 50 cm ~ 60 cm,每平方厘米可贮藏 200 kg 以上。摆果实时,窖内要留有一定的通道,以便于管理。为充分利用窖内空间,扩大贮果量,果实亦可箱装或筐装,在窖内码垛贮藏。③贮藏管理。利用棚窖贮藏梨果,要作好初、中、后三个时期的管理。初期管理,此期管理工作的中心是降温。夜间要将窖门和通风孔全部打开,以引入冷空气降低棚窖内的温度和果温。白天则要将窖门和通风孔全部关闭,以保持窖内的低温状态。中期管理,贮藏中期(12 月至来年 2 月),气温已显著低于果实的适宜贮藏温度时,管理工作的中心是保温。为了防止冻伤果实,要将窖门和通气孔分批全部关闭,并根据气温下降的情况,在窖门和通气孔上适时覆盖草苫保温。需要通气时,可在晴朗无风天气的中午,揭开背风面的通气孔,将窖内的湿热空气排出。后期管理,贮藏后期(3 ~ 4 月),管理工作的中心是通风降温。这一时期外界温度和窖内温度逐渐回升,可以采取夜开门窗、白天关闭的办法,保持窖内较低的温度。整个贮藏期间,若窖内相对湿度低于 85% 时,可向果堆上喷洒清水,以免果实失水皱皮。

第十章　山楂树的丰产栽培技术

山楂,蔷薇科、山楂属,落叶乔木果树,又名山里红、红果等,其冠形整齐,枝繁叶茂,花期5~6月,白色;叶片宽卵形或三角状卵形稀菱状卵形,长5~10 cm,宽4~7.5 cm,先端短渐尖,基部截形至宽楔形;果实近球形或梨形,直径1~1.5 cm,深红色,有浅色斑点;小核3~5个,外面稍具棱,内面两侧平滑;萼片脱落很迟,先端留一圆形深洼,果实9~10月成熟,鲜红艳丽,既可生食、具有药用作用;又是很好的观赏植物和四旁绿化树种。

山楂树,喜凉爽、湿润的环境,既耐寒又耐高温,对土壤要求不严格,但在土层深厚、质地肥沃、疏松、排水良好的微酸性沙壤土中生长良好;具有抗风、耐寒、适应性较强、容易管理、结果早、果实耐贮耐运、寿命长等优点;同时,山楂还对环境适应性较强,山地、平原都可栽植。

山楂果实的作用:①果实可以鲜食,其中含有大量的铁、钙等元素,在500 g果实中,含钙425 mg,居各种果品之冠,可供人们生食补钙,同时还具有增进食欲的功效;②果实可加工成山楂片、山楂酱、山楂糕、山楂罐头、蜜饯和糖葫芦,还可制汁和作酒;③果实是重要的医药用品,50多种中成药需要山楂作原料,可以治疗高血压、冠心病,降低胆固醇,并有散瘀、化痰,解毒、止血等效能。

一、山楂树的主要优良品种

山楂的野生种类很多,果实通常只作为采种和药用。用于建园栽培的品种,是科技人员通过选育出来的优良品种,主要有大绵球山楂、敞口山楂、大金星山楂、歪把红子山楂等,以及辽宁的大山楂,河北的红瓢山楂,河南省的豫北红等。山楂品种又可以按照其口味分为酸甜两种,其中酸山楂最为流行。甜口山楂,外表呈粉红色,个头较小,表面光滑,食之略有甜味;酸口山楂,分为歪把红、大金星、大绵球和普通山楂几个品种(最早的山楂品种)。

1. 敞口山楂品种

该品种果实略呈扁平形,每千克 90 ~ 100 个,最大果重可达 36 g,果皮大红色,有蜡光。果点小而密。梗洼中深而广敞口,故称敞口。果肉白色,有青筋,少数浅粉红色,肉质糯硬,味酸甜,清酸爽口,风味甚佳,品质最上。果实总含糖量 11.07%,总酸 3.78%,果胶 2.92%,9 月下旬至 10 月上中旬成熟采收,耐贮运。

2. 歪把红山楂品种

该品种果实在 9 月下旬成熟,其果柄处略有凸起,看起来像是果柄歪斜故而得名。歪把红山楂单果比正常山楂大(90 ~ 102 g),市场上的冰糖葫芦主要用它作为原料。

3. 大金星山楂品种

该品种果实在 9 月下旬至 10 月中旬成熟。耐贮藏。果个大,每千克 72 ~ 82 个。果实呈扁球形,紫红色,具蜡光。果点圆,锈黄色,大而密。果顶平,显具五棱。萼片宿存,反卷。梗洼广、中深。果肉绿黄或粉红色,散生红色小点,肉质较硬而致密,酸味强。单果比歪把红要大一些,成熟果上有小点,故得名大金星。口味最重,属于特别酸的一种。

4. 大绵球山楂品种

该品种果实呈扁圆形,果皮橘红色。果个较大,单果重 10.2 g,果实整齐度高,可食率 85.1%。果肉黄绿色,质地松软细密。树势中庸,枝条开张,早春萌芽时新梢叶片呈红色,以中短果枝结果为主,果枝平均坐果数 10.0 个,母枝连续结果能力较强,幼树丰产性和抗性均较强,9 月中旬成熟,比北京一般品种提早成熟 20 ~ 30 天。初结果期树株产果 10 kg,6 年生株产果 40 kg。由于结果量较大,树体易衰弱 9 月下旬至 10 月上旬成熟。单果个头最大,成熟时候即是软绵绵的,酸度适中,食用时基本不做加工,保存期短。

二、山楂树的优良品种苗木培育

山楂树的优质品种苗木繁育,主要是采用种子育苗、分株育苗、嫁接繁殖育苗等方法繁育的。

1. 种子的采收与贮藏

夏季8月，野生山楂种子进入成熟期即可采收，其种子具有坚固的种皮，需经过沙藏才能出苗，所以必须早采种子、早处理。种子要经过沙藏，才能保证出芽一致、苗木整齐。

(1)种子的采收。采种时间一般在8月中下旬，要选择含仁率高的野生山楂母株，在果实的初色期，即种子由生理成熟转化为形态成熟的时刻，进行采种。

(2)种子的取种。采集的野生山楂果实放石碾上压碎，筛下种子和碎果肉，晾晒1~2天，用清水漂净果肉，或者连同破碎的果肉堆积起来，四周围以草帘，再涂上薄泥密封7~10天，待果肉腐烂后，搓洗淘取种子。

(3)种子的处理。野生山楂的种子要进行裂壳处理。即选择晴朗高温天气，将干净的种子，用40℃水浸泡24小时后，沥干水分，薄薄地摊在水泥地上，裂纹时，翻动种子，使种面曝晒均匀。当种子裂纹度达70%~90%时，即可沙藏处理。种子裂口较少，晚上取下种子，用温水浸泡一夜，第二天早捞出空干水分。待中午水泥板表面温度高时，再次置上曝晒。如此处理3~5天，基本可达到预期的效果。

(4)种子的沙藏。选择在背风向阳处、排水良好的地方，挖深45 cm，宽50 cm，长度视种子多少确定的沙藏沟。将曝晒处理的种子，按种、沙体积比为1:3拌匀，立即填入沙藏沟内。沟底需先铺10 cm沙，种层厚度以30 cm左右为宜，其上盖沙8~10 cm，然后覆盖塑料薄膜，四周培土压边，使之继续增温。当地面开始结冻时，覆盖沙土。以后随气温下降逐渐加厚土层，使种子处在冰层以下。同时防止雪水、雨水渗入沟内;2月下旬，天气回暖，逐渐减少覆盖物，并上下翻动种子，使贮藏的种子受温均匀，日后发芽整齐。

2. 育苗地的选择

10月份，山楂的育苗地应选择中性或微酸性的沙质壤土，靠近水源、避开风口的地块，不用重茬地。深翻30 cm，清除杂物，亩施腐熟土粪2 500~3 000 kg，硫酸亚铁100 kg以上，然后作畦整平。同时，在11~12月小雪前，对留于圃内的苗木，普遍灌水一次。

3. 春季下地播种

春季,3 月上旬土壤解冻,种子露出白尖时,突击顶凌播种。条播,行距 40 cm 左右。播前土地整畦,畦宽 1~1.3 m,每畦播 3~4 行。开浅沟 2~3 cm,沟底要平,浇上底水,种子均匀地撒播沟内,点播,也可以分拣出萌芽的种子,按株距 7~12 cm 点播,然后细土覆盖,并扶一土垄保墒。一般每米播种 200~300 粒,播后覆薄土,土上再覆 1 cm 厚沙,以防止土壤板结及水分蒸发。野生山楂果实的出种率为 15%~30%,每千克种子 5 000~15 000 粒,每亩用种量一般为 10~25 kg。

4. 苗期的管理

(1)定苗移苗。播种的砧木苗,在 4 月下旬幼苗 5 片真叶前进行定苗。要求株距 8~12 cm,多余苗移栽出去,缺苗补齐。移栽苗尽量带宿土,并立即浇水。小苗移栽后,根系分枝多,栽植建园成活率高,因此,提倡苗床育小苗,4 月间移栽于圃地。

(2)架扶苗梢。夏初 5 月,山楂苗脆,萌发的接芽极易从砧木上劈裂下来。为防止风害减轻损失,苗梢萌发后,在苗行的两头和中间栽立桩,横拉铁丝或尼龙绳,绑缚苗梢。也可以每一梢立一小杆,既能防止风吹折裂苗梢,又利于苗梢的直立生长。

(3)除草松土。要及时中耕除草,疏松土壤,有利砧苗的生长。6月份,同时清除畸形苗、黄化苗。

5. 嫁接苗木

(1)枝接法嫁接。春季,3 月份,选择合适的砧木,或没有秋接的砧木,或未接活的砧木,及遭受损坏的接芽。在春分前后,用枝接法嫁接,也可用劈接、切接及皮下接法,接后用塑料条包扎即可。

(2)"丁"字形法芽接。夏季,山楂接芽当年不易萌发,砧木达到粗度的圃地,7 月间可进行芽接,以缓解立秋后的嫁接量,同时利于接芽的芽内分化,来年生长量大。接穗自健壮的良种树上采剪。剪取后去掉叶片,保留叶柄,绑好标记品种,放置阴凉处保湿处理。运来的接穗不能立即用掉,可用湿沙埋放在背阴处。山楂芽接一般采用普通的"丁"字形法,要求操作快,避免芽体失水,同时要扎紧芽体基部,防止活了芽皮而芽眼干翘,应尽量避开雨天嫁接。其操作方法可参照梨树育苗部分。8月份,立秋前后,是芽接的最佳时机,组织人员突击嫁接。半月后,检查成活状况,并进行找补嫁接。如果春季砧木粗度不够,待8月份加粗生长后,继续完成嫁接。砧木离皮,用"T"字形芽接;砧木不离皮,可用带木质部嵌芽接。前期嫁接的,未成活的要及时补接,已成活的要逐步解除绑绳。

6. 苗木出圃

落叶后,11～12月,当苗木生长到1 m高,地径0.5～1 cm时,即可出圃。苗木一般不立即栽植或调走,可留于圃内过冬。需要出圃时,提前5～7天浇一次透水,远离苗茎深刨宽刨,避免大根劈裂。分级后,50株一捆,标明品种,立即送园栽植。远运时,根系要蘸泥浆,并用蒲包或草袋包好销售外运。

三、山楂树的栽植建园

1. 选择苗木

选择优质健壮无病虫害,苗木高1 m,地径0.5～1 cm的山楂树品种苗木。

2. 建立果园

山楂在晚秋至初冬栽植,有利苗木断根处的愈合。明春新根产生早,苗木生长快,是栽植山楂的最佳时机。山楂适应性强,沙滩、岭地、溪谷两旁都可栽植,喜中性和微酸性土壤,土壤深厚的沙质壤土是最适宜的生长地方。

3. 栽植苗木

春季,3月份,土壤开冻后,抓紧完成新建果园和四旁隙地的栽种计划。栽植的苗木根系要保湿运送,修平伤根断面,栽于挖好的树穴内。栽植时,先埋一半土,向上提苗,再埋土,后踏底,浇透水,最后埋平树盘。用1 m² 地膜覆盖树盘,以保持湿度和提高早春地温。栽后对苗茎立即定干。

4. 中耕除草

夏季,6月上旬,山楂园进行中耕(10 cm左右)。中耕后晒墒。一可除净杂草,二有利于土壤晒透,使根系透气,以促进山楂树的快速生长,提早结果。

5. 冬耕清园

落叶后,11月立冬后,果园全面进行冬耕冬刨,可疏松土壤,更新根系,去掉表层根系产生的根蘖,同时有利冬季涵养雨雪和消灭害虫。耕刨前清除枯枝落叶,拣净落果,减少病虫害越冬的基数。

四、山楂树的修剪管理

1. 山楂树的夏季修剪

(1)人工疏枝。山楂树抽生新梢能力较强,一般枝条顶端的2~3个侧芽均能抽生强枝,每年树冠外围分生很多枝条,使树冠郁闭,通风透光不良,应及早疏除位置不当及过旺的发育枝。将花序下部侧芽萌发的枝一律去除,防止结果部位外移。

(2)人工拉枝。夏季对生长旺而有空间的枝,在7月下旬新梢停止生长后,将枝拉平,缓势促进成花,增加产量。

(3)人工摘心。夏初,5月上中旬,当树冠内心膛枝长到30~40 cm时,留20~30 cm摘心,促进花芽形成,培养紧凑的结果枝组。

(4)人工环剥。一般在辅养枝上进行,环剥宽度为被剥枝条粗度的1/10,可以提早结果。

2. 山楂树的冬季修剪

(1)树冠的修剪。主要是防止内膛光秃,由于山楂树外围易分枝,常使外围郁闭,内膛小枝生长弱,枯死枝逐年增多,各级大枝的中下部逐渐裸秃。防止内膛光秃应采用疏、缩、截相结合的原则,进行改造和更新复壮,疏去轮生骨干枝和外围密生大枝及竞争枝、徒长枝、病虫枝,缩剪衰弱的主侧枝,选留适当部位的芽进行小更新,培养健壮枝组,对弱枝重截复壮和在光秃部位芽上刻伤增枝的方法进行改造。

(2)初果期修剪。修剪以疏间为主,回缩控制一些大的辅养枝,在大空间处培养改造为大型结果枝组。利用分布在骨干枝中、下部的枝条,先结果,而后培养成中小型枝组,充实内膛,稳定结果部位。对各类枝的处理及枝组的培养方法,可参考苹果、梨修剪部分。

(3)盛果期的修剪。主要是调节结果与生长的关系,防止花果过多,树体早衰。山楂的混合芽较多,冬剪时先行疏除或短截部分结果母枝,以集中养分。花前再结合复剪,调节为适宜的枝、果比。冠内较多的纤细枝,冗长的连续延伸枝,不成花或开花也坐不住果的要及时予以疏除,以改善冠内光照。

(4)衰老树的修剪。此期的山楂树,骨干枝先端下垂焦梢,产量下降,以更新修剪为主。对结果枝进行去弱留壮、去下留上、去密截稀、疏细养粗的调节方法,利用冠内的徒长枝,培养新的树冠和结果枝组。山楂先端枝很易成花,枝头的二、三年部位,剪除混合芽,以减少梢头果,促进根梢的养分交换,维持树势。

五、山楂树的肥水管理

1. 土壤管理

山楂果园土壤深翻熟化是增产技术中的基本措施,进行深翻熟化,可以改良土壤,增加土壤的通透性,促进树体生长。

2. 施入基肥

要及时施基肥,以补充树体营养,基肥以有机肥为主,每亩开沟施有机肥 3 000～4 000 kg,加施尿素 20 kg,过磷酸钙 50 kg,草木灰 500 kg。追肥,一般 1 年追 3 次肥,在 3 月中旬树液开始流动时,每株追施尿素 0.50～1 kg,以补充树体生长所需的营养,为提高坐果率打好基础。谢花后每株施尿素 0.50 kg,以提高坐果率。

3. 适时浇水

3 月份,干旱时,追肥后立即浇芽前水,有利发挥肥效,促进新梢的萌发和花芽的继续分化。在追肥后浇 1 次水,以促进肥料的吸收利用。在麦收后浇 1 次水,以促进花芽分化及果实的快速生长。

4. 深翻土壤

早春,3 月份,春耕春刨果园要在春分前结束,利于保墒。春刨深度以 15 cm 为宜,并刨净树下的根蘖苗。年前如没有施入基肥,可结合春耕春刨掩埋肥料。

5. 追施化肥

春季,3 月底,追施速效的氮肥以提高产量。一般每亩结果园追施尿素 30 kg,或专用复合肥 50 kg。零星的植株,产果 100 kg 的树,追施碳铵 2~2.5 kg,或磷酸二铵 1.5 kg。7 月份进入雨季,在雨前或雨后抢时间追肥。

施肥量为:1~3 年生幼树,株施碳铵 200 g;4~6 年树,株施尿素 400 g 或碳铵 1 500 g。结果大树每株产山楂 200 kg 左右,株施二铵 500 g 或碳铵 2 000 g。

6. 喷赤霉素

初夏,5 月份,盛花期,喷布赤霉素可显著提高坐果率。肥水足,花量少的园片,施用浓度为 40~50 mg/kg,即兑水 20 000~25 000 倍。肥水差、花量较多的果园,施用浓度为 25 mg/kg,即 40 000 倍液左右。施用时,先用少量酒精或 60 度白酒溶解赤霉素。一般是 1 g 赤霉素用 10 mL 酒精的比例浸溶,然后兑水喷布。

7. 喷硼喷肥

夏季,5 月份,硼砂有促进花粉粒萌发生长、加速和缩短受精过程、提高坐果率的作用。施用浓度是 400 倍硼砂 + 200 倍尿素在花期花前喷布,也可以与赤霉素混合喷布。

六、山楂树的主要病虫害发生与防治

山楂树的主要病虫害有白粉病、金龟子、桃小食心虫、红蜘蛛、桃蛀螟等,其防治方法要结合果树的修剪,剪除树上的死枝,死树,并立即烧毁。

1. 山楂白粉病的发生与防治

(1)山楂白粉病的发生。山楂白粉病主要为害叶片、新梢及果实。叶片染病初叶两面产生白色粉状斑,严重时白粉覆盖整个叶片,表面长出黑色小粒点,即病菌闭囊壳。新梢染病初生粉红色病斑,后期病部布满白粉,新梢生长衰弱或节间缩短,其上叶片扭曲纵卷,严重的枯死。幼果染病果面覆盖一层白色粉状物,病部硬化、龟裂,导致畸形;果实近成熟期受害,产生红褐色病斑,果面粗糙。

(2)山楂白粉病的防治。主要措施,一是加强栽培管理。控制好肥水,不偏施氮肥,不使园地土壤过分干旱,合理疏花、疏叶。二是清除果园,结合冬季清园,认真清除树上树下残叶、残果及落叶、落果,并集中烧毁或深埋。三是药剂防治。发芽前喷波美5度石硫合剂或45%晶体石硫合剂30倍液,落花后和幼果期喷洒波美0.3度石硫合剂或45%晶体石硫合剂300倍液、70%甲基硫菌灵超微可湿性粉剂1 000倍液、50%硫黄悬浮剂300~400倍液、20%三唑酮乳油2 000~2 500倍液,15~20天1次,连续防治2~3次即可。

2. 山楂桃小食心虫的发生与防治

(1)山楂桃小食心虫的发生。山楂桃小食心虫,又名桃小食蛾、苹果食心虫、桃食卷叶蛾等,简称"桃小"。该虫在河南、山东等地每年发生1~2代,以老熟的幼虫做茧在土中越冬。幼虫蛀果后,在皮下及果内纵横潜食,果面上显出凹陷的潜痕,明显变形。近成熟果实受害,一般果形不变,但果内的虫道中充满红褐色的虫粪,造成所谓的"豆沙馅"。使果实品质下降,甚至造成绝收。

(2)山楂桃小食心虫的防治。防治适期为幼虫初孵期,喷施20%杀灭菊酯乳油2 000倍液,或10%氯氰菊酯乳油1 500倍液,或2.5%溴氰菊酯乳油2 000~3 000倍液。7~10天再喷一次,可取得良好的防治效果。

七、山楂果实的采收与贮藏

1. 山楂果实的采收

秋季,9~10月,山楂进入成熟期,当山楂果实果皮变红,果点明显,果面出现果粉和蜡质、果实的涩味消失并具有一定风味时,表明果实已达到形态成熟,即可采收。采收过早,不但严重影响产量,而且质量差,贮藏期易皱皮;采收过晚,肉质松软,极不耐贮运。做贮藏鲜食用的山楂,必须人工采摘,不能碰压损伤。加工用的果实,可在采前一周左右,喷洒40%乙烯利1 000~1 500倍液,催落果实。

2. 山楂果实的贮藏

(1)沙藏方法。选择干燥、背阴、凉爽的地点,挖直径80 cm、深100 cm的坑,坑底铺20 cm厚的湿润河沙,放入果实约50 cm厚度,要轻摆轻放,切忌踩烂碰伤,尽量避免果实受伤,然后再铺盖10~20 cm厚的细河沙。11～12月随气温下降,逐渐增加盖沙厚度,最后盖土要高出地面10～15 cm。同时,注意冬季打扫积雪,防止积水,保鲜期可从当年10月到第二年4月。

　　(2)袋藏方法。把果实放入厚度0.7～1 mm的塑料薄膜袋内。每袋装10～15 kg,在袋内放几层草纸,以便吸收袋内过多的水分。然后扎紧袋口,置于室内高30 cm的阴凉棚架上,利于通风透气,每隔30天检查一次。用这种方法,贮藏到第二年3月仍可保持果实新鲜口味。

第十一章　石榴树的丰产栽培技术

石榴树,花雌雄两性,果石榴花期 5～6 月,榴花似火,花多红色,也有白色和黄、粉红、玛瑙等色。果期 9～10 月。成熟后变成大型而多室、多子的浆果,每室内有多数子粒;外种皮肉质,呈鲜红、淡红或白色,多汁,甜而带酸,石榴树除了一些优良的食用品种外,还有许多观赏品种,如月季石榴、重瓣石榴、花边石榴、紫果石榴等。这些观赏石榴花朵艳丽,果实丰硕,树姿奇美,在园林绿化中具有广泛的用途。

一、石榴树的主要优良品种

石榴树的品种繁多。根据风味分为酸、酸甜、甜三个类型。根据果实的皮色称呼的有红皮、青皮、白皮三大类。著名的品种有:陕西临潼、乾县、三原等县的白皮甜、天红蛋白榴、粉红、软籽;广西胭脂红石榴;安徽省的软籽、玉石子、玛瑙子、青皮石榴;江苏的梢头青、大红种、水晶等;山东省的大青皮甜、白皮酸、马牙酸、大红袍甜、枣庄软籽石榴等许多品种。

1. 大马牙石榴

大马牙石榴,又称大马牙甜石榴。树体高大,树姿开张。骨干枝扭曲严重,瘤状突起大。多年生枝灰色,小枝细长,针刺状枝较多。中长果枝结果,连续结果后易下垂(这是它的明显特点)。新梢灰白色,叶片倒卵形,中大,浓绿色,叶缘有明显的粗波纹,叶基渐尖,叶尖向背面横卷或扭曲。果实扁球形,果尖齐陡。果面光滑,青绿色,从萼筒至果实中部有数条红色花纹。萼片 6 枚,开张。单果重 370～540 g,最大 1 100 g。百粒重 37～58 g,似马牙。籽粒粉红色,透明,特大,味甜多汁,含糖13%～16%,品质极上。果实在北京地区 9 月底成熟,耐贮运,丰产。

2. 白皮甜石榴

白皮甜石榴,又称三白石榴。树体较小,树冠不大、开张,呈扁圆形。干皮粗糙,幼枝细长而软。新梢灰色或灰白色,叶片披针形,枝先端叶呈线性,黄绿色或淡绿色,叶缘具有小波纹,向正面纵卷,叶尖扭曲。果实圆球形,中大,果面黄白色稍有黄色斑点。单果重 150~270 g,最大 450 g。百粒重 23~40 g。籽粒白色,少数为水红色,味甜软核,含糖 11.5%~15.5%,品质上乘。果实在北京地区 8 月底成熟,因该品种花白、皮白、籽亦白,故称为三白石榴。

3. 牡丹花石榴

牡丹花石榴,又称双花石榴、重瓣红石榴,是集观赏、食用于一身的石榴珍品。树体较小,生长势较强,枝干直立而粗壮,皮灰色或灰白色,枝条青灰色。叶片肥大。花冠极大,平均花径 8 cm,最大 12.1 cm,大红色、花瓣 51~97 片,状如绣球,形似牡丹。果实大、扁圆形,果面淡红色、光洁鲜艳,萼片 6~8 裂。单果重 256~488 g,籽粒红色,百粒重 21~34 g,汁多味甜,含糖 9%~13%,品质中上。该品种初花期为 5 月中旬,盛花期为 6 月上中旬,花末期为 9 月下旬,花期长达 5 个月。

二、石榴的优良品种苗木培育

石榴树优良品种的苗木培育,有种子育苗、枝条扦插育苗和分株育苗。用种子育苗只在杂交后培育新品种和一些特殊石榴类型的繁殖时采用;少量用苗可用分株法繁殖,大量的苗木供给,主要靠根条扦插育苗繁殖。

1. 石榴树的种子育苗

(1)采集种子。为繁育新品种,9~10 月,当果实表现出本品种应具有的色泽时,即可采下果实,由果皮内剥出子粒,挤碎果肉,用水冲洗出种子,晾干并悬挂放好,进行干藏。也可以待大雪前后,种子与 5~10 倍的湿沙混合后沙藏。

(2)苗圃选择。在 11~12 月,准备选用作苗圃繁育石榴树的育苗地,要选择松疏的沙壤为好,黏重土、碱渍土,都不宜作育苗地。亩施入优质土肥 1 500~2 000 kg 后,结合耕翻 30 cm,掩埋施肥。为防止耕地时起大坷垃,可先泼地,后耕翻、耙平。划分成几个小区,有利土壤的整平,也便于苗木的田间管理。

(3)种子播种。播种时间一般在 2 ~ 3 月。种子在 20 ~ 25 ℃,有一定的湿度情况下,10 ~ 20 天即可萌发。大田育苗往往因田间的湿度不易保持良好的状况,影响种子出苗。播种前先进行种子催芽处理,有利苗芽的整齐出土。将种子浸泡在 40 ℃ 的温水中 6 ~ 8 小时,待种皮膨胀后再播。种子处理后,有利于种子提前发芽。将浸泡好的种子按 25 cm 的行距播在培养土中,覆 1 ~ 1.5 cm 厚的土。土壤表面要上面覆草,浇一次透水。以后保持盆土湿润,土温控制在 20 ~ 25 ℃。经过 25 ~ 30 天便可发出新芽和新根。

(4)苗木管理。幼苗生长期要及时管理,苗高 4 cm 时按 6 ~ 9 cm 的株距进行间苗。6 ~ 7 月拔除杂草,松土保墒后施一次稀薄的粪水,8 月追施一次磷钾肥。夏季抗旱,冬季防冻。秋季落叶后至次年春天芽萌动前可进行移植。

2. 扦插育苗

(1)春季扦插育苗苗圃的选择。3 月份,石榴树育苗地,应选择通气性好的沙质壤土,每亩施入腐熟的土杂肥 2 500 kg 左右,再进行耕翻 30 cm。为便于地块的整平和浇灌、操作的方便,可先划分为许多小区,整平后再打畦。

(2)春季扦插育苗插条的采条。1 ~ 2 月,扦插的枝条,一般结合冬剪收集。剪取 1 ~ 2 年生枝,粗 0.5 cm 以上的枝条,一年生枝剪除二次枝,二年生枝可保留极短枝,按 15 ~ 20 cm 截为一段,枝条顶端距顶芽 1.0 cm 处平剪,下端剪成斜茬。20 根捆为一捆,集中埋入贮放沟内,用湿沙充灌保存。

(3)春季育苗插条的直插扦插。3 月份,先将截短的枝条放入清水中浸 10 ~ 20 小时,在整好的畦内放上水。水渗后,按行距 40 ~ 45 cm、株距 20 ~ 25 cm,插入枝条。斜插,深度要求顶端的芽节与浇水面相平,然后全畦用地膜覆盖,使土壤保持较大的湿度。

(4)苗木扦插后的管理。覆膜直插育苗的插条发芽后,前期气温低,可让其在膜下生长。4 月下旬以后,气温升高,插条芽梢伸长,为防止日灼伤害嫩芽,可于条上剪膜成孔,让嫩梢伸出膜外。先破膜炼梢放风1~2天后,再掀膜露梢。膜孔的四周用土压住地膜,防止风吹地膜抖动,损伤嫩梢。

(5)幼苗的定苗管理。5月份及时管理苗木,对一些苗木即拔掉密苗、弱小苗、畸形黄化苗,缺苗严重处进行补植。要求亩留苗6 000 ~ 7 000株,以不超过8 000株为宜。5~6月,扦插苗萌发的嫩梢,只留一梢生长,多余的全部抹除,以集中养分促苗干。

3. 苗木出圃假植

无论种子育苗或扦插育苗,进入11 ~ 12月,苗木弱小的当年扦插苗,需要春栽时,要出圃进行沟藏。

三、石榴树的栽植建园

石榴树建园,一定要在芽前栽树。栽植石榴,春、夏、秋三季皆可。由于秋栽后要经过一冬的低温,容易发生冻害和早春抽干现象,所以石榴树春栽成活率高。

1. 苗木选择

苗木选择,栽植时不但要选择优良品种,还要注意苗木的质量。苗木根系良好,根长15 ~ 20 cm,侧根3条以上;茎干粗壮,成熟度高。最好用在圃内培育二年以上的苗木。若当年扦插苗较小,在苗木不足时,也可春栽,但栽植后要格外加强管理。

2. 规划建园

9~10月,石榴园宜建在背风向阳的坡地和温暖的平原地上。山坡地首先采取整平地面、加厚活土层、垒堰筑埂等水土保持措施,然后规划栽植,耕播休园。霜降前后,结果园耕翻30 cm左右。树干基部浅些,梢部深些,以更新表层浮根,疏松土壤,准备栽植苗木。

3. 土壤管理

春季,3~4月,刨翻石榴园地,有利更新表层根系,提高抗旱能力。山岭地的果树,设法扩大树盘,并加厚土层,四周筑以土埂或砌为石壁保持水土。对梯田进行整修地堰、挖排水沟、修补出水口等果园基本工作。有条件的可客土增厚土层和改变沙地的土壤质地。

4. 栽植苗木

春季,3～4月,以南北向为宜,株行距2 m×3 m,每亩111株。春栽后,立即浇足水。水渗后覆土保墒,然后在树盘覆上1 m² 的地膜,四周用土压实,可起到保湿保温、提高成活率、促进生长的作用。植后立即剪苗定干。苗木也可以在晚秋和初冬进行栽植。冬季栽树必须是二年生健壮苗,当年扦插苗越冬易抽干,不能用,而且栽后需进行主干培土或绑草保护枝干。

5. 栽后管理

春季可根据天气情况,一般浇水2次即可,6月中旬、下旬,每株施复合肥150～200 g,同时进行浇水。要经常进行中耕除草,保持园内清洁。落叶后,根据当地气温下降情况,进行防寒越冬。防寒方法:幼树时一是将主干压倒上边培土30 cm厚。二是将主干培土50 cm即可;三年生以后的树只用土培好树干即可,待解冻后除去。

四、石榴树的修剪管理

石榴树的修剪,以冬剪为主,生长期修剪为辅。寒冷的北方,则以春节后修剪为宜。修剪的方法以疏剪为主,适当短截骨干枝的延长枝。

1. 疏花疏枝

疏花,5～6月,石榴一个结果枝上有"筒状花"也有"钟状花",可疏除"钟状花"留下"筒状花"。对细弱的结果母枝抽生的着花枝,一般多发育成不完全的钟状花,可及时疏除。

疏枝,5～6月,花期前后,对树干基部萌发的徒长枝、冠内徒长枝、旺长的二次枝,进行疏除和摘心控制,以集中营养供开花授粉受精。

2. 夏季修剪

夏季,7～8月,石榴的潜伏芽极易萌发,生长季节的根颈部、主干上往往萌发较多的萌蘖;内膛部位受刺激后,即会产生徒长枝。这些枝条消耗养分,影响光照、扰乱树形。发生后立即予以疏除。此外,春梢萌发过密的二次枝、夏梢二次三次枝,可适当疏除或摘心控制。主枝角度不开张时,用撑拉坠等方法处理。

3. 冬季修剪

石榴树冬季修剪一般采用疏枝、短截、长放、回缩等措施。疏枝指将一个枝条从基部全部去除。主要用于强旺枝条,尤其背上徒长枝条以及衰弱的下垂枝、病虫枝、交叉枝、并生枝和干枯枝,外围过密的枝条,以起到改善通风透光、促进开花结果、改善果实品质的作用。

(1)石榴树大枝的修剪。主要采取措施,按照"三稀三密"(大枝稀小枝密、上部稀下部密、外围稀内膛密)的原则进行。三主枝及侧枝间彼此要保留 80 ~ 100 cm 的距离,以利于小枝(枝组)有着生的空间。主、侧枝间距离小时,可疏大枝或拉开大枝。

(2)石榴树小枝的修剪。采取措施及时把主侧枝间距拉开后,用疏剪的方法使小枝(大小枝组)在树冠上的分布呈上稀下密、外稀里密的状态。内膛小枝的密度要比上部和外围稍密些,但不能过密,要求小枝间互不交叉、互不重叠和留有余空。留有余空的目的是要留出萌芽后新梢生长所需要的空间,从而避免新梢的交叉和重叠。

五、石榴树的肥水管理

1. 及时追肥

夏初,5 月中旬,追施速效氮肥。结果树每株施入标准化肥 500 g,小树每株施 50 ~ 100 g,或株施磷酸二铵 500 ~ 700 g,果树专用复合肥 1 ~ 1.5 kg。追肥结合浇水,中耕松土,锄除杂草。花后,一般最迟在 7 月上旬,以追施速效的复合肥为主。每株结果大树可追施复合肥 1 ~ 2 kg,或尿素 0.5 kg、硫酸钾 0.2 ~ 0.3 kg,或者磷酸二铵 1 ~ 1.5 kg。旱地石榴园可在雨后突击进行追施。

2. 适时浇水

夏季,7 ~ 8 月,石榴对水分很敏感,若果实膨大期缺水后,待成熟期遇雨连阴天,易裂果。因此,干旱后需设法浇水。在 9 ~ 10 月,果实成熟期,降雨后要立即排水,以减轻果实的裂果和腐烂程度。雨后锄园地,可降低土壤湿度,深度以 10 cm 左右为宜。

3. 秋施基肥

秋季,9 ~ 10 月,采果之后及早施入基肥。施用方法一般是在冠下开挖放射状沟施或在树冠外部开环状沟或长方形沟施。结果园亩施土杂肥 2 000 ~ 3 000 kg,零星植株每株施入农家肥 2 550 kg,或果树专用复合肥 1.5 ~ 2 kg。秋施基肥的目的是为来年的石榴树发芽、开花、坐果提供足够的肥力保障。

六、石榴树的主要病虫害发生与防治

石榴树的主要病虫害有桃小食心虫、桃蛀螟等蛀果害虫,以及红蜘蛛,龟蜡蚧,刺蛾,干腐病、褐斑病等。

1. 石榴树干腐病的发生与防治

(1)石榴树干腐病的发生。石榴树干腐病,主要危害果实,也侵染枝干,幼果感病一般在萼筒周围发生豆粒大小的浅褐色病斑,逐渐扩展,直到整个果实腐烂,7 ~ 9 月果实贴叶下面易发生病斑,成果发病后失水变为褐色僵果。贮藏期可造成果实腐烂,果面上产生密集小黑点;枝干被害,树皮颜色变深褐色干枯,其上密集小黑点,病健交界处往往裂开,病皮翘起,以致剥离,病枝衰弱,叶变黄,上部很快枯死。

(2)石榴树干腐病的防治。12 月,及时清洁果园,冬季结合修剪将病枝、烂果等清除干净;夏季要随时摘除病落果,深埋或烧毁;注意保护树体,防治受冻或受伤。

刮除枝干病斑并将病斑深埋,涂药保护,喷布 50% 多菌灵可湿性粉剂或福美砷;喷布药剂防治,早春喷 3° ~ 5° 石硫合剂,5 ~ 8 月间喷 1:1:160 波尔多液, 40% 多菌灵 0.17% 溶液等交替使用,每 15 ~ 20 天喷 1 次,效果较好。

2. 石榴树龟蜡蚧的发生与防治

(1)石榴树龟蜡蚧的发生。龟蜡蚧,1 年发生 1 代,以受精雌成虫在小枝上越冬,第 2 年 3、4 月间开始危害,麦收期间是产卵盛期,6 月下旬幼虫开始取食危害,并分泌蜡质,形成介壳。初孵虫活动力较强,可借风力远距离传播,到 7 月下旬开始分化,9 月出现雌雄两性成虫,交尾后雄虫死去,雌虫继续危害,11 月进入越冬状态。

(2)石榴树龟蜡蚧的防治。在越冬期,人工刮树皮和剪除虫梢并喷布 5% 柴油乳剂。早春可喷 1 次波美 5 度石硫合剂。夏季卵孵化期喷

1 次 50% 可湿性西维因 0.17% 药液进行防治。

3. 石榴树茎窗蛾的发生与防治

（1）石榴树茎窗蛾的发生。茎窗蛾，又名花窗蛾、钻心虫，属鳞翅目、窗蛾科。石榴茎窗蛾以幼虫钻蛀为害新梢和多年生枝条，使树势衰弱，影响果实的产量和品质，严重时可致整株死亡。

（2）石榴树茎窗蛾的防治。人工灭虫防治，在石榴生长季节，经常检查枝条，发现被害新梢，及时从最后 1 个排粪孔的下端将枝条剪除，消灭其中的幼虫；药剂防治，在幼虫孵化盛期，用敌马合剂 1 000 ~ 1 500 倍液、敌敌畏乳油 1 500 ~ 3 000 倍液喷雾防治，效果良好。幼虫蛀入纸条后，可用废注射器等工具将敌敌畏乳油 400 ~ 500 倍液注入虫道，或用棉球蘸敌敌畏原液塞入蛀孔内，外封黄泥，熏杀幼虫。

七、石榴树的花期授粉

1. 授粉树的配置

石榴树虽然能自花授粉结果，但是异花授粉能提高坐果率，增加产量。因此，栽植时要配植上 20% 左右的授粉树。主栽品种如为红皮石榴，则用黄皮或白皮石榴作授粉树；主栽品种如为甜酸型石榴，则用甜型或酸甜型石榴作授粉树。

2. 适时人工授粉

初夏，5 ~ 6 月，正值石榴树开花期，取正常的异种的花，人工在上午 8 ~ 10 时给石榴树进行授粉，以提高雌蕊的受精率。

注意：石榴树开展人工授粉，即异花授粉能使石榴树提高坐果率。

八、石榴果实的套袋

石榴果实套袋的作用是提高果实品质、防治病虫危害，增加效益。

1. 套袋时期

石榴套袋的时间，应掌握在开花授粉后的幼果期。因石榴花量大、花期长，有开一茬花，结一茬果（可开三、四茬花）的特性，所以，石榴套袋也应随开花坐果的早晚而进行，也就是说，开花坐果早的早套袋，开花坐果晚的晚套袋。

2. 套袋前进行病虫害防治

为避免套袋时把病原物、虫卵和幼虫一齐套进袋内,套袋前要先用杀菌剂(多菌灵、托布津、波尔多液等)、杀虫剂和菊酯类(如敌杀死、功夫等)农药对树体进行喷雾,然后再套袋。

3. 选择合适的袋

自制报纸袋,经济、材料好找,但不耐用,连阴雨时易烂;专用牛皮纸袋,使用效果好,但成本较高,一个袋0.1元左右;塑料食品袋,效果较好。

4. 套袋前对所套果实进行处理

人工摘掉与果实并生较近的叶子,以防套袋(塑料袋)后,桃蛀螟危害挨着叶子的果实。为了促使坐果,大型果园采用赤霉素涂抹幼果,要先涂果后套袋。

5. 套袋的技术

(1)撑开或吹开袋子。检查袋子是否破损,更重要的是检查袋底的透气孔是否透气,对于透气孔过小的,要及时纠正。

(2)将撑开的袋子套在果上。注意不要使袋壁挨住或粘在果面上,以免日光照晒袋子后灼伤幼果。

(3)卷折袋口至果柄处,用袋上特制的细铁丝或曲别针将袋口与果柄扎在一起。用简易塑料食品袋的,可将袋口的两个手提部位交叉后系在果柄上或着果柄的枝上即可。

6. 去袋时间

当果实进入成熟期时,可以去袋,去袋时选择阴天或晴天的傍晚进行,先将袋子扎口处的细铁丝拧开或去掉曲别针,使袋口完全张开,让袋内的果实适应3~5天后,再完全将袋子去掉。

九、石榴树果实的采收与贮藏

石榴树,每年开3次花,故有3次果,一般以发育良好的头花果或二花果进行贮藏。根据品种特性、果实成熟度及气候状况等分期采收。

1. 适时采收

秋季,9~10月,石榴树花期长而不整齐,且果实有渐次成熟的习性。因此,应根据品种、果实的成熟度和天气状况,分批采收。当果皮达到本种应具有的青、红或白色,果面出现光亮时,即为成熟的标志。

2. 果实贮藏

(1)品种选择。石榴果实的耐藏性因产地及品种不同而异,一般晚熟品种较耐贮藏,所以在贮藏石榴果实的时候,要选择优良、无病虫害的晚熟品种。

(2)环境选择。石榴树,属于亚热带和温带果品,在低温下易受冷害,一般适宜的贮藏温度为5℃左右。

(3)室内堆藏。选择无烟火、冷凉、稍湿润的清洁房间,地面垫10 cm 厚的麦草,将预冷处理的石榴一层层堆放,层间用麦草隔开,以4~5层为限,最后于堆上盖3~6 cm 厚的麦草,务必盖满全堆,每15~20天检查1次。贮藏中用草帘或棉被等遮住门窗保温,以减少冷空气的侵入。

(4)塑袋贮藏。将预冷并经杀菌剂处理的石榴放入聚乙烯塑料薄膜袋中,扎好袋口,置于冷凉的室内贮藏。用此法贮藏4个月后,石榴果实仍新鲜如初。也可将经杀菌处理过的石榴果实,用塑料袋单果包装,在3~4℃下贮存100天,果粒新鲜度好,病害轻。

第十二章　葡萄树的丰产栽培技术

葡萄树,是落叶木质藤本植物,枝蔓长 12～20 m;树皮呈长片状剥落,幼枝光滑。叶互生,近圆形,长 7～15 cm,宽 6～14 cm,基部心形,两侧靠拢,边缘粗齿。圆锥花序,花小,黄绿色。花后结浆果,果实椭球形或圆球形。葡萄适应性强,山地、河滩、盐碱地都可以栽培。尤其是在瘠薄的沙砾地,也可以生产出高质量的葡萄。葡萄果实作为酿造葡萄酒的主要原料,既不与粮食争地,又可代替大量粮食,是果农发展经济的重要树种。

一、葡萄树的主要优良品种

葡萄树在我国的新疆、河北、河南、山东、山西、辽宁、安徽、江苏等地区栽植发展很快。由于其适应性强,结果早,管理容易,丰产、质优,深受人们的欢迎,经济效益极高,人们已将其作为脱贫致富、发展商品经济的主要途径。

1. 藤稔葡萄品种

7 月上、中旬成熟,其果穗圆锥形,平均 400～500 g。果粒特大,单粒重 18 g,最大达 38 g,有"乒乓球"葡萄之美称。果皮中厚,紫红色。肉软多汁,淡草莓香味,含糖量 15%～18%。丰产性好,闭花受精率高,不易落花落果,抗霜霉病强于巨峰,但易感灰霉病,叶片对铜离子敏感,不宜多喷波尔多液。多雨地区适宜高畦栽,采用立架或小棚架种植,中梢修剪。要求施足底肥,大肥大水不断线,以粗壮枝结果为主,是早熟大粒优良品种。

2. 维多利亚葡萄品种

7 月中旬成熟,粒重 12 g,平均穗重 750 g,最大穗重 1 200 g。果实呈金黄色,果粒类似牛奶葡萄。果实硬度大,可用刀切片,风味极好。含糖量 18%～20%,不脱粒,丰产性好,抗病。

3. 红地球葡萄品种

10月中下旬成熟。果实红色,平均穗重650 g,最大穗重995 g,平均粒重12 g。果肉脆硬,风味纯正,品质上等。丰产抗病,适于长途运输,耐贮,可贮至翌年4月,供应春节前后市场。

4. 玫瑰香葡萄品种

8月下旬至9月上旬成熟,为中晚熟品种,其果穗中等大,圆锥形。最大穗重980 g左右,平均穗重350~401 g。果粒着生疏松至中等紧密。果粒椭圆形或卵圆形,中等大,平均粒重4~5 g,最大粒重5.9 g。果皮中等厚,紫红色或黑紫色,果肉较软,多汁有浓郁的玫瑰香味,可溶性固形物含量15%~20%,品质优良。

5. 黑宝石葡萄品种

8月中旬成熟,适宜平原栽植。其果实扁圆形,平均单果重72.2 g,最大果重127 g。果面紫黑色、果肉乳白色,硬而细嫩,汁液较多,味甜爽口,品质上。肉厚核小,可食率97%。耐贮运,丰产。

二、葡萄树的优良品种苗木培育

葡萄树的优良苗木繁育,主要是扦插育苗。扦插育苗其优点是保留母株的遗传性状,操作简单,繁殖系数高,成本低,能保持原品种的优良特性。

1. 嫩枝扦插育苗

嫩枝扦插又叫绿枝扦插、软枝扦插。

(1)品种选择。选择品种纯正、生长健壮、抗病毒、耐寒、丰产的无毒苗新品种,如:早红提、金手指、京秀、摩尔多瓦等葡萄树品种。

(2)整地做畦。扦插前对土壤表层进行深翻25 cm以上。同时,每亩施入腐熟农家肥3 000 kg,磷酸钙2 kg等,整地后用砖砌成宽1.8 m的畦,铺5 cm蛭石,按行距10 cm、株距5 cm扦插。如果用蛭石繁育葡萄树苗木最好,是扦插葡萄最理想的基质,既保水又透气。

(3)嫩枝选择。扦插前一定要精选幼嫩枝条作插穗,该育苗一般在3~4月,9~10月进行,避开夏季高温。剪取当年生长发育充实的半木质化壮枝、截成2~3个芽枝段,在上部1~3枝段上保留1~2叶片做插穗。做到随采条、随剪截、随扦插。如果叶片过大可剪去叶片 1/2 至 1/3,为了提高扦插成活率,可用 2% 萘乙酸或 1% ABT 生根粉溶液浸泡 6~8 秒,然后取出立即扦插,以促进生根、多发根。

(4)枝条扦插。穗条扦插的深度宜浅,一般为插穗长度的 1/3 左右,株距 3~5 cm,扦插后及时喷足水,相对湿度保持在 80%~85%,温度保持在 20~25 ℃。最好使用拱棚育苗,扦插后把棚膜盖严,并用遮阳网遮光,防止阳光直晒,浅插穗条的目的是防止枝条萎蔫。

(5)喷水管理。晴天,每天要喷水 6~7 次,时间要短,以喷湿地面为止,多云天气少喷,阴天不喷。既要保持棚内空气的湿度,又要避免扦插基质过分潮湿,否则,容易导致插穗基部霉烂。

2. 硬枝扦插育苗

选取葡萄一二年生落叶、苗壮、无病虫害的枝条,剪成长 10 cm 左右 3~4 节的插穗,插入繁殖床。时间为 4 月中下旬,地温达 15°以上是最佳时期,扦插育苗一般用垄插和畦插两种。

(1)圃地选择。要选择交通便利靠近水源、地势平坦、土层深厚的沙质壤土,而且是背风向阳、供水排水方便、地下水位不高的地方。

(2)整地做畦。葡萄属于深根系作物,应选疏松、富含腐殖质的土壤。扦插前对土壤表层进行深翻 25 cm 以上。同时,施入腐熟的农家肥每亩 3 000 kg,每亩施入过磷酸钙 2 kg。整地后用砖砌成宽 1.8 m 的畦,铺 5 cm 蛭石,按行距 10 cm、株距 5 cm 扦插即可。

(3)插条准备。剪取充分成熟、芽眼饱满、没受损伤、没有病虫害的枝条。剪下条子按 5~6 芽进行整理,剪掉副梢、卷须,然后根据不同品种分别按 50~100 支结扎成捆,拴上品种标牌。春季在大田葡萄开始萌芽时,将贮藏的插条取出进行处理。葡萄扦插育苗时用单芽、2 芽、3 芽以及更长都可以,一般用 2~3 芽的插条扦插容易管理。

(4)插条贮藏。贮藏通常用沟藏或窖藏,贮藏地点宜选择高燥、背阴、地下水位低的地方。插条应该用 5 度石硫合剂喷雾,进行消毒。

(5)苗木扦插。一是垄插,东西起垄,垄距 50 cm、垄宽 30 cm,沟深 20 cm 左右,垄的两侧按 10~15 cm 将插条斜插于垄中,顶芽与地面平,顶芽向上,然后一次性灌透水。二是畦插,畦宽 1 cm,畦长 5~10 cm,

畦内按 3 行开沟,将插条插入沟内,顶芽与地面平,插后浇透水,待水渗下后,在畦面上覆沙。

(6)插后管理。在萌芽前干旱时注意浇水,苗木生长期应加强施肥、浇水、中耕、除草,一般追肥 2 ~ 3 次,每株苗只留一个新条,副梢上留 2 片叶摘心,苗木长到 30 cm 后应摘心,到 8 月下旬,不论苗木高度是否达到 30 cm,一律进行摘心,促进苗木提早成熟,到 10 月下旬就可出圃销售。

(7)苗木出圃。葡萄苗根系不耐冻,封冻前刨出,分级,20 株或 50 株一捆,标明品种。10 ~ 11 月,外调、栽植或贮放。贮放的苗木可于小雪前起苗,用湿沙充填根系,上覆土 30 cm 左右,使苗木处于冻层之下即可。

三、葡萄树的栽植建园

1. 园地选择

建立葡萄园不能在老葡萄园上重建;前茬是桃园的地方,也不建议新建葡萄园。葡萄树喜光照,要选择光照充足、通风透光的地方建园。同时,选择交通便利、水源充足的地方建园,方便管理和销售。

2. 园地规划

建立葡萄园,应因地制宜地做好果园规划设计。葡萄树和其他果树不一样,葡萄需要支架,因此栽植行不可弯曲。无论平原或是山区建立的葡萄小区均以长方行为宜,栽植行以南北向为宜。

3. 苗木定植

(1)栽植时间。春季,3 月份,土壤开冻后,可栽植葡萄。春栽葡萄苗不用培土防寒。但为了确保顶端苗茎发芽,防止因根系供水不足,蒸发量大,使苗段干枯脱水,栽后立即剪截只留 2 ~ 3 芽,并覆土至苗木上端芽眼处。

(2)定植苗木。苗木株行距的确定依品种、立地条件和架式来确定。瘠薄土壤上栽密些,肥沃深厚土地上栽稀些,生长势中庸的栽密些,生长势强的栽稀些,一般篱架栽培的株行距 1 m × (1.5 ~ 2)m(333 ~ 444 株/亩,依地区、管理技术调整),棚架栽培的为 1.5 m × 4 m(111

株/亩)或 1 m×5 m(133 株/亩)。

(3)地膜覆盖。苗木栽植后建议套塑膜袋防金龟子,具体方法:套小方便袋,下口压实,袋上口离开苗木一定距离,顶部打 3~5 个孔透气放风,待芽体长至 2~3 cm 时将塑膜袋摘除。

(4)搭建篱架。苗木栽植后,于塑膜袋摘除前搭建网架或篱架。依规划好的株行距在地面打点,立柱埋 50 cm 深,要求高度一致,方向顺直,位于葡萄同一侧,绑缚铁丝一面距苗木距离 10 cm 左右,第一道铁丝距离地面高度 40 cm,共 4 道铁丝,间隔 4 cm,第一年绑缚两道,定植第二年绑缚第 3、4 道铁丝。秋季定植苗木注意埋土防寒。

(5)棚架选择。栽植葡萄需要架设棚架栽培。采用什么架式,应根据所选择的栽培品种、地形、土壤及习惯等诸条件确定。一般果农喜欢双篱架栽植。即在 2 月下旬至 3 月上旬即可栽植,也可用种条直插,直插每插 3~4 根种条,成活后可留 1~2 个;双篱架的株距为 1.5 m,行距 2~2.5 m。葡萄栽培(1~2 年生)须挖宽 80~100 cm 的沟、埂,上掺土的农家肥填至原地面,往上封土高出地面 20 cm。

葡萄幼树栽培(双篱架),株行距 1.5 m×2 m、埋立柱、10 m 远 1根,高 2 m,挖定植沟深宽各 1 m,下填秸秆、封土,农家肥和土掺匀填出地面,浇水落实,冬栽或春栽,也可用种条直接定植,每次可插 3~4 根成活后,疏拔或移栽。搞好排灌系统,确保水分供给。

四、葡萄树的修剪管理

1. 葡萄树的单篱架种植的修剪方法

(1)抹芽除萌。春季,3 月上旬,在萌芽时期,要及时除萌抹芽,芽眼萌动至整个萌芽期均可进行抹芽、除萌。当年栽植的苗,芽眼萌发时,要抹除嫁接口以下部位的萌发芽,故称为除萌荚。除萌要反复进行多次才能抹净。通常 1 株苗留 2 芽,留壮芽不留弱芽,留下部芽不留上部芽。

(2)疏枝定梢。在 3 月底至 4 月上旬是疏枝、定梢的时期。在新梢上显露花序时,能区别结果枝或生长枝时进行为宜。疏枝要依树势、架面新梢稀密程度、架面部位来定。弱树多疏,强旺树少疏。多疏枝则减轻果实负载量,利于恢复树势。少疏枝则多挂果,以果压树,削弱树势,以达到生长与结果的平衡。

(3)摘心除梢。夏初,5月下旬至6月上旬,葡萄进入快速生长时期,及时摘心,摘除新梢顶端的生长点和幼叶称为摘心。摘心程度,一般健壮结果新梢花序以上部位留6~9片叶摘心。除梢,即除去副梢。新梢上的副梢全部保留。各级次副梢均留1~2片叶反复摘心;先端1~2个一次副梢留3~4片叶摘心,抽生2次以上副梢留1~2片叶反复摘心。

(4)打老叶去卷须。7月下旬至8月上旬,在葡萄着色期,靠近新梢基部的部分老叶变黄,已失去光合作用能力,从而消耗树体内的营养物质,应及时打去老叶,以利于果实着色。

(5)绑梢扭梢。葡萄开花期,结合花前摘心进行弓形绑梢,以花序为最高点拱成弓形。以削弱顶端优势,使营养向花穗位置转移,有利于坐果和果实发育,促进结果枝基部数节的花芽分化。

2. 葡萄树的双篱架种植的修剪方法

(1)春季修剪。早春,2月份,对于一些不下架防寒的葡萄园,冬季没有修剪的,可于寒冷季节之后,进行春剪,不要拖过3月上旬进行,以避免新伤口伤流过多。春剪方法同冬剪。剪后清园,并拉紧铁丝。

(2)葡萄上架。春季,3月底至4月初:气温达到7~10℃拉出埋入土中的枝蔓,除平篱架半埋土防寒植株基部的培土,迅速上架,拉上铁丝,篱架一般离地面40~50cm拉第一道铁丝,向上间隔40cm左右拉一道,共拉3~4道。两头埋设坠石,用粗铁丝拉紧,以加强其牢固性。根据负载量的大小,分别选用10~14号铁丝。铁丝拉紧后,用V形钉或其他方法将铁丝固定在各个支柱上。棚架顺主蔓延伸的方向架设横梁,在横梁上每隔40~50cm拉一道铁丝。先在行的两端敷设锚石,将横梁及边柱固定,然后用V形钉将铁丝固定在横梁上。

(3)技术修剪。葡萄栽培1~2年生、当新梢长至80cm时,摘心除副梢后留2个副梢向左右两个方向绑缚,80cm以下副梢全部抹去,第一道铁丝处的副梢,每个芽眼留一个,主梢每5片叶摘一次心。

(4)束绑老蔓。春季,4月份,要求将老蔓分布均匀,并加以固定,以体现冬剪时留的架形。常用的绑缚物是葛条,或玉米皮、油草等,沿铁丝缠绕牢固,也可用马蹄形扣结绑扎。

(5)及时抹芽。春季,4月下旬,抹除双芽、密芽、畸形芽和后部隐芽。

(6)掐去卷须。初夏,5月初,第二次抹芽时,花序显露,抹除"谎芽"即不带花序的新梢、密梢及隐芽萌发的新梢、枝腋间生出的芽梢等,做到初步定梢。卷须消耗营养,一律除掉。

(7)新梢摘心。初夏,5月中旬,于花前3~5天进行新梢摘心,有利于坐果率的提高。摘心程度一般是在花序前5~7片叶处,成年叶片大的1/3~1/2叶处进行。

(8)疏花序花序摘心。葡萄结果系数高的品种(如玫瑰香、玫瑰露、巨峰等),结合定梢、绑蔓,及早疏除过多的花序。以玫瑰香为例,强枝留2个花序,中庸枝只留1个花序,弱枝不留花序作预备枝,过密则疏去。巨峰1个新梢只能留1个花序,以有利品质的提高,成熟整齐。疏留时,1梢3个花序时,可去前、去后,留中间的花序;2个时,去后留前面的花序。留下的花序于花前3~7天,掐去穗尖的部分,一般为穗长的1/3~2/5,有利穗形紧凑,减轻转色病的发生。

(9)修剪副梢。葡萄树形成花序前副梢全部抹除,只留先端1~2个副梢,留3~4片叶反复处理。

(10)夏季修剪。夏季,6月份,继续去卷须,处理副梢、引绑新梢等工作。对搁置架上的果穗,顺拿下来,使果穗自然下垂,有利果穗着色均匀,有利喷药防病和采收。

五、葡萄树的果实套袋

葡萄树的果实套袋的目的是,提高果实的品质和效益,套袋后的葡萄果粒贮藏性好,在市场的货架期延长。

1. 套袋时间

一般在果实坐果稳定,整穗、疏粒及完成膨大等管理技术后进行,也就是花后30~40天比较合适。当果粒有黄豆大时套袋适宜。

2. 套袋准备

除疏粒、整穗外,还要进行一次杀虫杀菌,防治易出现的病虫危害。可选用金力士 7 000 倍 + 纳米欣 1 000 ~ 1 500 倍 + 杀虫药安民乐 1 000 ~ 1 500 倍 + 柔水通 4 000 倍液,也可选用 3 000 ~ 4 000 倍阿唯毒死蜱 + 800 倍喷富露 + 柔水通 4 000 倍液。

3. 选好纸袋

选用原纸质袋。纸袋规格多数为 175 mm × 245 mm,也有 190 mm × 265 mm,还可用 203 mm × 290 mm 袋。

4. 套袋方法

先将纸袋口端浸入水中 5 ~ 6 cm,润湿,不仅柔软,而且易将袋口扎紧。将袋口撑开,使整袋张开,然后由下向上将果穗全部套入袋中,再将袋口从两边收缩到一起,集中于穗柄上,应紧靠新梢,力争少裸露果柄,用袋上自带的细铁丝将口扎紧。铁丝扎线以上留纸袋 1 ~ 1.5 cm。需要注意的是:喷完药,待干水后即可套袋,最好随干随套,若不能流水作业,喷完后两天内应套完,间隔时间过长,果穗易感病,会在袋中烂果,套袋时,尽量避免用手触摸、揉搓果穗。

5. 去袋时间

在采收前的 8 ~ 10 天去袋,果色均匀。也可在采收时随袋采收,袋内果色仍很鲜艳。若去袋先打开果穗袋,以防日灼,3 ~ 4 天后去袋。

6. 综合管理

进行深耕中耕除草、覆盖、种草、施肥。此时也是果实膨大期,每株施大三元肥 1 ~ 1.5 kg + 沃田甲中微量元素肥 0.25 ~ 0.5 kg,也可追施土壤调理剂免深耕;树干涂抹果友氨基酸原液 + 斯德考普或叶喷 4 000 倍液。

六、葡萄树的肥水管理

1. 追肥浇水

春季,4 月份,葡萄上架后,追施芽前肥,成年园每亩追施尿素 20 ~ 25 kg 或碳铵 50 ~ 70 kg,同时浇灌芽前水。地干后浅刨或深锄园地,保墒松土。

2. 浇水除草

初夏,5月份,气温升高,土壤蒸发量大,以浇水保成活为重点。既可保持土壤疏松,利于生根;又可延长浇水的效果,保持土壤的湿润,同时可除掉杂草。

3. 追肥浇水

谢花后,幼果迅速膨大,6月上旬,进行第二次追肥。一般亩产2 000 kg的葡萄园,追施磷酸二铵40~50 kg。此时天旱会导致严重落果,应设法浇水。

4. 追施化肥

浆果成熟前的7、8月,年中进行第三次追肥,以磷钾肥为主,一般可追施炕土300~500 kg/亩。负载量大的植株,还应增加氮肥,以氮增磷,提高品质,防止过早"回浆"。一般每亩补追尿素15 kg。

5. 浇水排水

夏季,8月气温高,易干旱,葡萄果实接近成熟,果实易裂果,应在上色前浇水保墒,保证果实需要的水分;若雨水多,要在雨后及时排水。同时,要反复锄地松土除草保墒,有利于浆果的上色与成熟。

6. 施入基肥

秋季10月,施基肥是葡萄园全年中最重要的管理技术措施,要求开深沟施入。篱架可隔行开深60 cm,宽40~50 cm的施肥沟。棚架在架下开沟,逐年向梢外扩展。基肥要求施入优质的圈肥,施肥量应保证每亩施入8 000~10 000 kg,也可以追施饼肥、农家肥等高效有机肥,一般施用量为产果量的5%为佳。

七、葡萄树的主要病害发生与防治

1. 霜霉病的发生与防治

(1)葡萄霜霉病的发生。霜霉病主要危害叶片,有时在新梢和浆果上发现。受害的叶片开始呈现油浸状病斑,然后逐渐失绿,变为黄褐色病斑,叶背产生一层灰白色霜霉。此病在高温多湿的条件下最易发病,发病后在2~3星期内就大批落叶,使枝蔓不能成熟。

(2)葡萄霜霉病的防治。夏季,6~8月发病前,要及时去掉近地面不必要的枝蔓,保持通风透光良好,雨季注意排水,减少园地湿度,防止积水;发现病叶等摘除深埋,秋季结合冬剪清扫园地,烧毁枯枝落叶;发病前每半月喷一次200倍半量式波尔多液,共喷4~5次,可控制此病。发现病叶后喷40%乙磷铝可湿性粉剂200~300倍液,或25%瑞毒霉(甲霜灵)可湿性粉剂1 000~1 500倍液,对防治霜霉病特别有效。

2. 葡萄白粉病的发生与防治

(1)葡萄白粉病的发生。葡萄白粉病危害葡萄叶片、新梢和浆果等。叶片被害时,先在叶面上产生淡灰色小霉斑,以后逐渐扩大成灰白色,上生白粉状的霉层,有时产生小黑粒点。白粉斑下叶表面呈褐色花斑,严重时病叶卷曲枯死,浆果受害后在果面上覆盖一层白粉,白粉下呈褐色芒状花纹,浆果停止生长,遇雨后裂果腐烂。

(2)葡萄白粉病的防治。春季,3月上旬,发芽前喷波美5度石硫合剂;在生长期喷波美0.2~0.3度石硫合剂,高湿炎热天气要在傍晚喷药,避免发生药害。发病后,人工及时摘除病果、病叶和腐梢深埋;技术摘除老叶、干叶、枯叶,改善通风透光条件,减少病害的发生;在发病初期可喷25%粉锈宁可湿性粉剂1 500~2 000倍液或40%硫黄胶悬液400~500倍液,或喷碱面液0.2%~0.5%加0.1%肥皂(50 kg水+0.1~0.25 kg碱面+0.05 kg肥皂),先用少量热水溶解肥皂,再加入配好的碱液内。这些药剂对防治白粉病都有良好效果。

3. 葡萄天蛾的发生与防治

(1)葡萄天蛾的发生。葡萄天蛾,属鳞翅目、天蛾科,幼虫食叶成缺刻与孔洞,老熟幼虫食叶成残留叶柄。1年1~2代,以蛹在土中越冬,第2年5月中旬羽化;6月上中旬进入羽化盛期。夜间活动,有趋光性。

(2)葡萄天蛾的防治。人工寻找被害状和地面虫粪捕捉幼虫;结合防治其他病虫时,混用敌百虫、敌敌畏等药剂,1 000~1 200倍的浓度防治即可;幼虫易患病毒病,在田间取回自然死亡的幼虫,把死虫弄碎制成200倍液喷布枝叶,效果良好。

4. 葡萄透翅蛾的发生与防治

(1)葡萄透翅蛾的发生。葡萄透翅蛾,属鳞翅目、透翅蛾科。以幼虫蛀食葡萄枝蔓髓部,使受害部位肿大,叶片变黄脱落,枝蔓容易折断枯死,影响当年产量及树势。

(2)葡萄透翅蛾的防治。夏季,6月上、中旬,人工经常观察叶柄、叶腋处有无黄色细末物排出,如有发现用脱脂棉稍蘸烟头浸出液,或50%杀螟松10倍液涂抹;悬挂黑光灯,诱捕成虫,每亩挂1~2台即可;当葡萄抽卷须期和孕蕾期,可喷施10%~20%拟除虫菊酯类农药1500~2000倍液,收效很好。

八、葡萄果实的采收与贮藏

1. 葡萄果实的采收

夏季,7月,早熟品种要分批采收,一是可以及早上市供给市场需求;二是可减轻葡萄树的负荷,利于果穗迅速成熟。

2. 葡萄果实的贮藏

(1)冷库贮藏。在果箱的底板和四周衬上3~4层软纸,放入0.04~0.06 mm厚的薄膜压制成的贮藏袋,装入预冷的果穗,每袋10~15 kg,袋内放1片二氧化硫防腐剂,封扎袋口,然后将果箱码在库内。也可在库内竖柱搭架,架上每隔30 cm穿担搭竿,竿上铺细竹帘或草席,把果穗挨串平放帘上,每层放果穗一层,以免压伤果粒。

(2)地窖贮藏。地窖建筑与苹果窖相同,先把窖内清扫干净,喷1000倍液菌毒清消毒。在果箱上每隔12~15 cm纵放一根竹棍,把果穗挨串悬挂棍上,然后移入窖内码垛,高3层为宜,然后封窖。也可在窖的两边分别竖柱搭架,分层放竿,层距30~35 cm,竿距15~20 cm,把果穗悬挂在竿上,穗距4~5 cm,以4层为宜。

(3)膜袋贮藏。用0.04~0.06 mm厚的聚乙烯膜,压制成长40 cm、宽30 cm的小袋,每袋装果1.5~2 kg,扎好袋口,放入底上垫有4~5 cm厚锯末或碎稻草的浅箱中,每箱只摆一层果,将箱放入冷凉室内或贮藏库内。检查时可搬动木箱,但不能开袋,即使有1~2粒果霉烂也不要开袋,一旦开袋,袋内氧气骤然增多,就很难继续贮藏了。

第十三章　柿树丰产栽培技术

柿树,属柿科、柿属,又名朱果、猴枣等,是落叶大乔木果树。其花呈淡黄白色或黄白色而带紫红色,花期 5~6 月;果实大小形状不一,普遍呈卵形或扁圆形,果色由青色转为黄色,熟时呈红色,果期 8~11 月成熟;冠形开张,叶幅广大、光洁,入秋后,叶色由绿转红鲜丽悦目,与柿果实相互衬托非常美丽。柿树抗旱、耐湿,管理简便,结果早,产量高,经济寿命长,很受人们的喜爱。

一、柿树的主要优良品种

现在我国栽培的优良柿品种很多,据不完全统计有 800 个以上,一般依果实能否自然脱涩而分为涩柿和甜柿两类。

1. 涩柿优良品种

涩柿在树上软熟前不能完成脱涩。

(1)磨盘柿树品种。该品种,又称盒柿、盖柿,为华北主要品种。果极大,平均重 250 g,最大 450 g 以上。果形扁圆,中部有缢痕。果肉松,汁特多,味甜无核,生食品质尤佳。6 月开花,10 月中下旬成熟。适应性强,抗旱、抗寒,喜肥沃土壤,产量中等。

(2)镜面柿树品种。该品种,果中大,果肉金黄色,肉质松脆,汁多味甜。加工制成的柿饼质细透明,味甜霜厚,品质极上,为柿饼中之珍品,驰名中外。喜肥沃土壤,抗旱、耐涝,丰产稳产,不耐寒。5~6 月开花,10 月中旬进入成熟期。

(3)八月黄柿树品种。该品种,果实中大,肉质细密而脆,汁中多,味甜,无核,5 月开花,10 月中旬进入成熟。最宜制柿饼,亦可生食。适应性强,丰产稳产。

(4)桔蜜柿树品种。该品种果实较小,果肉橙红,味甜,无核。适应性强,抗旱、耐寒,坐果率高,丰产,稳产,生食制饼均可。

（5）牛心柿树品种。该品种果实个大、肉细、汁多、味甜，无核或少核，平均单果重 250 g，最大果重 375 g。6 月初开花，花期 7～12 天，果实牛心状，且顶端呈奶头状凸起，果实由青转黄，10 月成熟果色为橙色。

2. 甜柿优良品种

甜柿在树上软熟前能完成脱涩。

（1）罗田甜柿品种。该品种果实果个小，橙红色，果肉致密味甜，含糖量 20%，着色后不需脱涩即可食用，核较多，10 月上中旬成熟，生食制饼皆可。在我国北方自然脱涩不完全，不宜大量推广。

（2）富有柿树品种。该品种原产日本，果中大，橙红色，果肉致密，味甘甜，品质上，不需脱涩即可食用。10 月下旬成熟，最宜生食。结果早，丰产，但对肥水条件要求严。与君迁子嫁接亲合力较弱，需配置授粉树。

（3）次郎柿树品种。该品种原产日本。果实果个较大，平均单果重 230 g，扁圆形，果顶平，顶点凹入，有 4 条稍广纵沟。果皮红色光亮，果肉淡黄微红，汁多味甜，品质上等，10 月下旬成熟。

二、柿树的优良品种苗木培育

柿树，优良品种的苗木繁育，一般采用嫁接法繁殖，才能保持良种的品质。培育良好的砧木，才能嫁接优良的品种。柿树的砧木有君迁子（黑枣）、山野柿、油柿及老鸦柿等培育的苗木。当前，主要是以君迁子品种培育的苗木作为主要砧木。柿树常规育苗，一般是第一年育砧，第二年劈接或切接，第二年冬季或第三年春季出圃。如果采用夏季芽接等综合快速育苗技术，则可当年育砧、当年嫁接、当年出圃。

1. 圃地选择

一定要选背风向阳、土壤疏松、肥力较高的田块作圃地。11 月上旬深耕细耙，做成深沟高床，床宽 120 cm、高 25 cm。每亩施厩肥 4 000 kg、过磷酸钙 200 kg、火烧土 2 000 kg 作基肥；再用硫酸亚铁 15 kg、3% 呋喃丹颗粒剂 5 kg 进行土壤消毒和灭虫，做好准备。

2. 采穗备用

为了来年的嫁接,必须准备好接穗。接穗主要来源是结合柿树的冬季修剪,从优良的品种母株上,剪取粗 0.3 ~ 0.5 cm 的当年生枝条,以发育枝为好。每 50 ~ 100 根捆扎成一捆,贮放于背阴处的提早挖好的贮沟内,混以湿沙充填好,以备嫁接。

3. 采收种子

柿树的砧木品种有君迁子、山野柿子、油柿等。繁育苗木主要是用君迁子,即称"黑枣"或"软枣"。在 10 月,君迁子种子变为褐色表明成熟,采下果实进行堆沤,果肉腐烂后,冲洗干净,晾干。君迁子的出种率为 13% ~ 15%,每千克种子约 1 000 粒,每亩用种量为 5 ~ 10 kg。

4. 种子冬藏

柿树砧木苗木的繁育,主要是选用君迁子播种,君迁子种子要经过冬季贮藏,才能出芽整齐。

种子的贮藏。落叶后,11 ~ 12 月,君迁子的后熟期为 90 天左右。大雪前,用 3 ~ 5 倍体积的湿沙与种子拌匀,入贮藏沟或木箱内沙藏处理。同时,也可以采用冬播贮放法。种子在圃地内完成后熟后,发芽出苗。播种的方法同春播,只是播种后要扶土垄保护种子,以保持播种处的湿度稳定。明年春天种子萌芽定橛时,推平扶垄,减薄土层,以利幼苗出土。

5. 整理圃地

秋季,10 月,柿树要求的苗茎较高,苗圃地宜选择肥沃的土壤。以地下水位在 1 m 以下、能灌能排的壤土为宜,避免用低洼、碱、黏地块和重茬圃地。亩施入优质腐熟的土杂肥 2 500 kg,耕翻 30 cm,整平。地块较大不易整平时,可分段整畦,便于平整。

6. 催芽播种

早春,2 月上旬至 3 月播种。每亩用种量 12 kg。取出贮藏的种子要催芽,播前用冷开水浸种 2 天,置于有草袋垫盖的箩筐中,每天喷洒 40 ℃的温水催芽,保持种间温度在 20 ~ 50 ℃。露白时播种。条播,行距 30 cm,播深 2 cm,沟内浇足底墒水,待水渗下后条播或点播,覆土 2 ~ 3 cm。播后盖土齐床面,再覆盖稻草,北方还要搭盖小拱棚保温。

若覆盖地膜,出苗早而整齐。

7. 培育壮砧

出苗后揭除稻草,无霜冻后拆除拱棚。经常除草松土,雨后排除积水,旱时进行灌水。幼苗出现 2~3 片真叶时进行间苗。当齐苗后每隔 10 天喷施 0.2% 的尿素溶液或磷酸二氢钾溶液 1 次;苗高 20 cm 后,每隔 15 天每亩沟施农家肥 2 000 kg。5 月间苗,每平方米留苗 40~50 株。苗高 40 cm 时摘心。6 月和 8 月各结合灌水追肥一次,以促使苗木健壮生长。幼苗直径 1 cm 左右时,即可进行嫁接。

8. 良种嫁接

培育的砧木幼苗,生长到直径 0.7~1 cm 时,即可进行良种嫁接。

(1)柿树芽接方法。夏季,7 月上旬嫁接。选择进入盛果期的优良植株为采穗母树,剪取其上年秋梢或当年春梢中段壮芽作接芽。芽片削成 3 cm 长,稍带木质部。接位在砧木离地面 7~10 cm 处,切成与芽片削面大小相同的切口,深度至形成层,不伤木质部。将芽片贴合于砧木切面上,用塑料薄膜带露芽绑扎好接口,在接位上方 10 cm 处折断砧木。接后 20 天解除绑带,剪去接位以上的砧木。

(2)柿树劈接嫁接方法。砧木除去生长点及心叶,在两子叶中间垂直向下切削 8~10 mm 长的裂口;用刀片在幼茎两侧将其削成 8~10 mm 长的双面楔形,把接穗双楔面对准砧木接口轻轻插入,使二次切口贴合紧密,用嫁接夹固定。

(3)柿树方块芽接方法。采用方块芽接方法其嫁接苗木成活率最高,具体做法是选用优良品种的结果母枝基部未萌发的休眠芽作接芽。用芽接刀或双刃刀将接芽切成 1.5 cm 见方的芽片,使接芽位于芽片中央,然后取下接芽。用 1~3 年生的君迁子作砧木,在砧木距地面 30 cm 处光滑的一面,切去与接芽片大小差不多的方块皮层,然后把所取芽片贴在砧木切口上,使四边紧密结合,然后用麻皮或塑料条将接口绑紧即可。此法的优点是,加大接芽的面积,使芽能维持较长的生机,增强砧木接穗的愈合能力,提高成活率。若采用蜡封接穗皮下接,成活率可达 95% 以上。

9. 接后管理

为了培育良种壮苗,使苗木快速生长,嫁接后的苗木要及时进行肥水管理。

(1)苗木检查。苗木嫁接后3～4天要检查嫁接是否成活。如果接穗的叶柄用手轻轻一碰立即脱落,接穗皮色鲜绿,说明已经接活。

(2)除蘖护梢。5～6月,二年的嫁接苗,需进行2～3次除砧,以保证嫁接的苗梢生长。苗梢长到30 cm左右,立柱支架绑缚苗梢,避免大风吹折。

(3)苗木整形。夏季,7～8月,对生长旺盛的嫁接苗,于苗高1 m处强摘心,可促发二次枝,在圃内进行定枝整形。处理时间不要晚于7月中旬。过晚于立秋前后要轻摘心,目的是防止苗梢加长生长,充实苗茎。

10. 苗木出圃

落叶后,11～12月,当苗木生长为高1 m、粗度1 cm的苗木即可出圃。需外运、用地换茬或者其他原因需要苗木出圃时,可于封冻前刨出苗木,分级,标明品种,20～50株一小捆,立即运走或假植贮放。

三、柿树的栽植建园

1. 柿树园地的选择

山地新建柿园宜在35°以下的缓坡上,先开辟水平梯田。梯幅宽3 m以上,再挖定植沟、深宽在1 m左右,或是1 m³的栽植坑,平地建柿园或柿粮间作区,切忌建在地下水位高的地段。同时,要做好挖穴施基肥,改善土壤条件等基础工作。

2. 柿树苗木的栽植

春季,3月中旬,气温回升,土壤开冻到柿树芽子萌动这段时间都可以栽植。柿树根系愈伤力差,刨苗、运输栽植过程中,尽量减少伤根和失水。栽植时根系要舒展,栽后浇足水,防止"空死"苗木,特别是没有灌水沉坑而栽植的,一定要灌足,同时注意坑土下沉导致栽植过深的弊病。

3. 柿树的栽植密度

柿树冠形高大,栽植的密度不可太密。山地成片栽植,株、行距可采用(4～5) m×(6～7) m;平地栽植的株行距应在(5～6) m×(6～8) m。柿粮间作区可按株距6～7 m,行距20～30 m的株行距定植,这样可以提高柿树果园的早期产量,以后随着树冠扩大,逐步有计划地间伐,称之为变化性密植栽培法。

4. 柿树的苗木定植

柿树栽植后,要及时进行定苗、浇水及追肥。5～6月,幼苗长出4～5片真叶后,及时对一些弱苗、伤苗、病苗等成活率低的苗木,按株距20 cm留一株,缺苗处移栽补齐,多余的苗可移出集中栽植。定苗后每亩施入尿素10 kg,并浇水。

5. 柿树建园后的管理

夏季,7～8月,及时中耕除草,可疏松土壤,消灭杂草,中耕深度一般为15 cm,可以提高苗木的快速生长;同时,在8月中下旬,在树干上绑草把,或树干基部放些石块,诱集越冬害虫,便于人工扑捉或捕杀。

四、柿树的修剪技术

柿树是高大的乔木,寿命长,25～35年生大树结果最盛。柿树的枝条可分为结果枝、结果母枝、发育枝和徒长枝。花芽为混合芽,着生有混合芽的枝为结果母枝,混合芽萌发后生成结果枝,混合芽着生在结果母枝的顶端或顶端以下几个节上。花蕾着生于结果枝的第三至第七叶腋间,以中部花蕾坐果率高。结果枝着生花蕾的节没有叶芽,因而不能发生新枝而成为盲节。结果枝由于果子的消耗养分,枝上的芽一般不能再形成混合芽,通常同一结果叶芽萌发后的发育枝,其中充实健壮的形成混合芽,成为良好的结果母枝,能保证第二年的产量。所以,只有做好柿树的修剪管理,才能丰产丰收。

1. 柿树的夏季修剪

(1)柿树的环剥。环剥是提早结果的管理技术之一。5月,在柿树的初花期,用刀在树干的一定部位用细绳围一环画出标记,刮去粗皮,使之露出黄褐色韧皮部,然后用利刀环切宽度0.3～0.4 cm,深达木质部的环圈。这样一是有利坐果,二是可提前形成花芽。

(2)柿树的摘心。柿树摘心的作用主要是控制养分的消耗。5月,花期前后,对内膛的徒长枝,疏除或摘心控制。发育枝强摘心,减少养分营养消耗,可以提高坐果率。

(3)柿树的疏花疏果。柿树具有明显的大小年。花量大的年份,要进行适度的疏花。柿树结果枝的中部花蕾,坐果率高,疏花时要疏除上部花蕾,保留中部花蕾,疏除晚开放的花朵,去劣留优。即可。

(4)柿树的生长期修剪。夏季(6月),未进入结果期或初果期的柿树,环剥辅养枝可促使成花。对徒长枝或强旺的发育枝,重短截促生小分枝后,转化为枝组。一般生长的当年生枝可进行扭曲、弯别等枝势,扩大冠积。柿树的隐芽萌发力强,结果期大树自树干上及其他大枝处萌发的徒长枝,生长期修剪时一律除掉。

2. 柿树的冬季修剪

(1)柿树幼树期的修剪。柿树一般生长强健,枝梢直立性强。注意涩柿类柿树品种,最宜培养成主干疏层形;甜柿类品种,宜采用自然开心形。

(2)柿树结果期的修剪。进入结果的柿树,树冠已经成形。为了协调骨干枝之间的从属关系,均衡其间的生长势,要继续适度短截外围枝梢,不让梢头挂果。疏除过密的外围枝量,以改善冠内光照。结果母枝一般不宜短截,因为柿的花芽着生在结果母枝的顶端及以下1~3个芽上。但明显的强壮结果母枝比例大时,可适当短截一部分结果母枝。使之为预备枝,明年结果,有利解决隔年结果问题。

(3)柿树盛果期的修剪。一般冬剪时只留基部2~3个芽短截更新,促发新梢,形成混合芽结果,又可防止结果部位的外移。过密、过弱的结果枝则应疏除。生长过弱的多年生枝,在2~3年生有分枝处回缩,促使萌生旺枝,重新培育健壮的结果母枝。

五、柿树的肥水管理

1. 均匀喷布赤霉素

初夏(5月中旬),盛花期喷布0.02%~0.03‰的水溶液,对提高柿树的坐果率有明显促进作用,一般比对照树高 10% ~ 20%。在 7 ~ 8 月,结合根外追肥,在前期落果结束后,为促进果实膨大,可喷布 0.05% ~ 0.1‰赤霉素,可以保果,提高产量。

2. 幼果期的追肥

夏季,7 月上中旬,柿树幼果果实发育进入第一个速长期,此时,幼果落果也基本结束。为促进果实的膨大,提高产量,此时应追施第二次速效性肥料。以氮肥为主,配合钾肥。每亩成龄结果园施碳铵 50 kg,或磷酸二铵 30 kg、硫酸钾 15 ~ 20 kg。零星栽植的柿树,株产 100 kg 大树,每株施碳酸氢铵 2 kg,硫酸钾 0.5 kg,或硝酸钾 1.5 kg。应在雨前或雨后抓紧施入,天旱无雨,施肥后应浇水。提倡树下铺草,可起到保湿保墒,提高土壤有机质的效果。

3. 浇足封冻保墒水

落叶后,11 ~ 12 月,对留于圃内的苗木,先将残枝落叶清出园地,然后普遍浇灌封冻水。11 月,抓紧封冻前开沟施基肥或结合冬耕撒施基肥,以集中沟施为好。在树冠的梢部下,挖深 40 ~ 60 cm、宽 30 ~ 50 cm 的半圆形环状沟,亩施入农家肥 2 500 kg 左右,连同枯叶、杂草埋入,填平施肥沟,浇上封冻水。无水浇条件的柿园,冬耕 20 cm 深,保墒松土,更新根系。同时清理树盘内的杂物,翻刨查找越冬虫、卵。解除枝干草把、吊绳,一起烧毁。树上的枯枝、病枝、虫害枝,以及悬吊的果蒂,一起剪除,为来年丰产丰收、提高坐果率打下基础。

六、柿树的主要病虫害发生与防治

通过生产调查,柿树的病害主要是炭疽病、角斑病、圆斑病等;为害柿果最重的害虫是草履蚧、柿蒂虫、桃蛀螟、柿绵蚧等。

1. 柿树角斑病的发生与防治

(1)柿树角斑病的发生。柿树角斑病是柿树主要病害,其主要危害叶片和柿蒂,叶片受害初期正面出现不规则形黄绿色病斑,以后颜色逐渐加深,变成褐色或黑褐色,病斑上密生黑色绒状小粒点。柿蒂染病,蒂的四角呈淡黄色至深褐色病斑,其上着生绒状小粒点,但以背面较多。

（2）柿树角斑病的防治。①及时清除挂在树上的病蒂是减少菌源的主要措施。避免与易感柿角斑病的君迁子混栽。增施有机肥料,改良土壤,促使树势生长健壮,提高抗病力。②在落花后20～30天,可用1∶(3～5)∶(300～600)的波尔多液喷1～2次,也可喷65%代森锌可湿性粉剂500～600倍液进行防治,效果显著。

2. 柿树柿绵蚧的发生与防治

（1）柿树柿绵蚧的发生。1年发生4代,成虫雌虫体长1.5 mm,椭圆形,紫红色。雄成虫,体瘦小,长2.5 mm,紫红色。卵长椭圆形,表面附有白色蜡粉及蜡丝,密集卵囊内。若虫紫红色,体扁平,椭圆形,周身有短的刺状突起。以若虫在2～3年生枝条皮层裂缝、粗皮下及干柿蒂上越冬。第二年4月下旬开始出蛰,爬到嫩芽、新梢、叶柄、叶背等处吸食汁液,以后在柿蒂和果实表面固定危害,同时形成蜡被,逐渐长大分化为雌雄两性。柿绵蚧主要危害柿树的嫩枝、幼叶和果实。若虫、成虫最喜群集在果实下面及与柿蒂相接合的缝隙处为害。被害处初呈黄绿色小点,逐渐扩大成黑斑,使果实提前软化脱落,降低产量和品质。

（2）柿树柿绵蚧的防治。①在早春柿树发芽前,喷洒1次波美5度石硫合剂或5%柴油乳剂,消灭越冬若虫。②在4月上旬到5月初,柿树展叶到开花前,掌握越冬若虫已离开越冬部位但还未形成蜡壳前,细致地喷洒1次扑虫王药液1 000倍。③保护天敌,利用黑缘红瓢虫和红点唇瓢虫,对柿绵蚧的发生有一定的控制作用,当发生量大时,应尽量少用或不用广谱性农药,以免杀伤天敌。④注意接穗来源,不让带虫接穗引入。已有虫的苗木要进行消毒后再行栽植,减少虫害发生。

3. 柿树柿蒂虫的发生与防治

（1）柿树柿蒂虫的发生。柿蒂虫,又名柿烘虫、柿食心虫。幼虫钻食果实,造成柿子早期发红、变软、脱落。危害严重者,能造成柿子绝收。其1年发生2代,以老熟幼虫在树皮裂缝或树干基部附近土里,结茧越冬。

（2）柿树柿蒂虫的防治。由于柿树分散和管理较为粗放,应采用人工防治为主、药剂防治为辅的综合防治措施。①人工防治。刮树皮,冬季刮除枝干上的老粗皮,集中烧毁,消灭越冬幼虫。摘除虫果,在幼虫害果期(第1代6月中、下旬,第2代8月中、下旬),各摘除虫果2~3遍。第1代摘除必须将柿蒂一起摘下,可以减轻第2代的危害。在8月中旬以前,在刮过粗皮的树干及主枝上绑草诱集越冬幼虫,冬季将草解下烧毁。②化学防治。在5月中旬及7月中旬,90%敌百虫1 000倍液或20%杀灭菊酯乳剂2 000~3 000倍液,可收到良好的防治效果。

七、柿树果实的采收与贮藏

柿树果实的采收期因品种及用途而定。早熟品种8月间即成熟采收,但是北方绝大多数品种是在10月成熟的。

1. 果实的采收

(1)采收时期。柿树的采收期依各品种的成熟期及用途不同而有区别,当果实达到本品种固有的色泽和硬度时为采收适期,过早或过晚都会影响果实质量。

(2)采收方法。不同地区、不同的树冠大小采收方法不同。有用夹竿折的,有用捞钩折的,有用手摘的,但大体分折枝法、摘果法两种。

2. 果实的脱涩

柿树涩度主要由可溶性单宁含量决定。脱涩就是将可溶性单宁变为不溶性单宁,而不是将单宁除去和减少。常用的脱涩方法有以下几种:温水脱涩、冷水脱涩、石灰水脱涩、二氧化碳脱涩、松针脱涩、混果脱涩法、自然脱涩、乙烯利脱涩。下面简单介绍石灰水脱涩和乙烯利脱涩。

(1)石灰水脱涩

每50 kg柿果,用石灰水1.5~2.5 kg。先用少量的水把石灰水溶化,再加水稀释,水量要淹没柿果。每天轻轻搅拌一次,3~4天即可脱涩。如能提高水温,则能缩短脱涩时间。用这种方法处理,脱涩后的柿果肉质易脆。对于刚着色、不太成熟的果实效果特别好。但是脱涩后果实表面附有一层石灰,不太美观;处理不当,也会引起裂果。

(2)乙烯利脱涩

将柿果放置室内,用250~500 mg/L乙烯利喷洒,3~5天即可脱涩。也可在采收前向树上喷洒250 mg/L乙烯利,3天后采收,脱涩效果也很好。这种方法简单有效、成本低廉、规模大小均可,能控制采收时间,调节市场供应。脱涩后柿果色泽艳丽,无药害。但柿果很快变软,在树上喷布要及时采收。

3. 柿树果实的贮藏

柿树果实的贮藏方法很多,主要有室内堆藏、露天架藏、自然冷冻贮藏、速冻贮藏、气体贮藏等。

(1)室内堆藏。选择阴凉、干燥、通气好的窑洞或无人居住的房屋(楼棚),清扫干净,铺一层厚15~20 cm 的谷草。将选好的柿果轻轻堆放在草上,高2~3层(小果类可适当增加),过后容易变软、相互挤压损伤而变质。此法在北方可贮至春节前后。

(2)露天架藏。选择阴凉、温度变化不大的地方,用木柱打架。一般架高1 m,过低影响空气流通,柿果容易变黑或发霉,过高操作不便。架面大小依贮量多少而定。架上铺箔或玉米秆,上面再铺一层10~15 cm 的谷草,把柿果轻轻压放在草上,厚度不要超过30 cm,太厚了不通气,柿果容易变软或压破。柿果放好后,再用谷草覆盖保温,使温度变化不致过大。上面设置防雨篷,以免雨雪渗入,引起腐烂。雨篷和草要有一定的距离,以利通气。

编 后 语

果树是一种高效的经济树种,在当前的农村经济发展中占据重要的地位,果树对发展现代农业、改善农村经济结构、提高农民收入,有着不可替代的作用。然而,果农在栽培生产中还存在着缺乏果树栽培知识和技术,管理粗放,果品产量低、品种差,病虫害严重等这样那样的问题。为了适应果树的栽培和果品的生产发展,根据果农在生产中遇到的问题,我们组织在基层工作的专业技术人员结合多年的生产实践,用通俗易懂的语句给予解答,编写了本书。主要参加编写人员为:郭永军,河南省奥德林实业有限公司总经理;雷辉,河南丰瑞农业有限公司总经理;李慧丽,舞钢市林业局工程师;潘晖,新疆玛纳斯县农业技术推广中心高级农艺师;王建伟,河南省鲁山县林业局工程师;姜其军,河南省泌阳县森林病虫害防治检疫站工程师;郭华,河南省泌阳县森林病虫害防治检疫站工程师;张建荣,河南省泌阳县城市绿化园林管理站助理工程师;韩双画,河南省泌阳县下碑寺乡农业服务中心助理农艺师;庞晓艳,河南省禹州市林业技术推广中心工程师;武晓静,河南省禹州市林业技术推广中心工程师;曹恒宽,河南省泌阳县林业技术推广站助理工程师;冯蕊,平顶山市白龟山湿地自然保护区管理中心助理工程师、经济师;郭玉政,平顶山市龚店木材检查站助理工程师;李士洪,平顶山市城市绿化管理队高级工程师;苏少揆,平顶山市林业局林业勘测设计队副队长;王蓓蓓,平顶山市林业局林业勘测设计队助理工程师;李红霞,平顶山市白龟湖湿地自然保护区管理中心助理工程师;刘妍菁,平顶山市园林绿化管理处工程师;吕爱琴,平顶山市农业科学院副研究员;郭凯歌,平顶山市农业科学院农业研究中心研究实习员;王丽红,平顶山市园林绿化管理处工程师;杜红莉,平顶山市园林绿化管理处工程师;魏亚利,平顶山市园林绿化管理处工程师;徐英,平顶山市园林绿化管理处工程师;王绪山,中国平煤神马集团林业处(阳光物业有限公司)

工程师;张旭峰,平顶山市农村能源环境保护站农艺师;魏彦涛,河南省奥德林实业有限公司助理工程师;吕慧娟,平顶山市城市绿化管理队工程师;许青云,河南省驻马店市确山县林业局高级工程师;张凤萍,河南省舞钢市农业局助理农艺师;李文乾,河南省圣光集团药材种植有限公司助理工程师;张俊峰,舞钢市武功乡后营村苗圃助理工程师;白新国,舞钢市园林管理局工程师;葛岩红,舞钢市科学技术协会助理工程师;孙丰军,舞钢市尹集镇人民政府工程师;师玉彪,洛阳市汝阳县刘店镇农业服务中心农艺师;李红梅,舞钢市八台镇中心幼儿园小教高级教师;王彩云,舞钢市林业局助理工程师;任素平,舞钢市林业局助理工程师;张智慧,舞钢市林业局工程师;马培超,舞钢市林业局助理工程师;王水牛,舞钢市庙街乡人头山村农艺师;张爱玲,平顶山市园林绿化管理处高级工程师;李冠涛,平顶山市园林绿化管理处高级工程师;方伟迅,平顶山市园林绿化管理处高级工程师;周威,平顶山市农业科学院园林中心副主任研究实习员;陈宝军,河南省淮阳县林业技术指导站工程师;杨俊霞,平顶山市城市园林绿化监察大队工程师;赵洪涛,平顶山市园林绿化管理处高级工程师;程国栋,平顶山市园林绿化管理处工程师;朱振营,舞钢市农业局农村能源保护站农艺师;杨景舒,平顶山市景舒农业开发有限公司董事长;魏艳丽,河南省淮阳县林业技术指导站工程师;孙新杰,南阳市森林病虫害防治检疫站高级工程师;万四新,周口职业技术学院副教授 ;王光照,河南大学民生学院在读大学生;万少侠,舞钢市林业局教授级高级工程师;张立峰,平顶山市森林病虫害防治检疫站高级工程师;王璞玉,舞钢市林业局工程师;杜莘莘,平顶山市林业技术推广站工程师;雷超群,舞钢市国有林场高级工程师;王忠伟,舞钢市农业局高级农艺师;夏伟琦,舞钢市国有林场工程师;李芳,平顶山市园林绿化管理处工程师;张明,平顶山市农业科学院副研究员等。